HANS LAEHR

Die Anstalten für Geisteskranke, Nervenkranke, Schwachsinnige, Epileptische, Trunksüchtige usw. in Deutschland, Österreich und der Schweiz

einschließlich der psychiatrischen und neurologischen wissenschaftlichen Institute

Neunte, von Anstaltsdirektor i. R.
Prof. Dr. med. jub. GEORG ILBERG (Dresden)
vollkommen neubearbeitete Auflage

Sonderabdruck
aus der „Allgemeinen Zeitschrift für Psychiatrie" Bd. 106

Berlin und Leipzig 1937

Walter de Gruyter & Co.

vormals G. J. Göschen'sche Verlagshandlung — J. Guttentag, Verlagsbuchhandlung — Georg Reimer — Karl J. Trübner — Veit & Comp.

Infolge des Krieges und der wirtschaftlichen Nöte der Nachkriegszeit sind sowohl einzelne staatliche als private Anstalten eingegangen, auch neuerdings sind mancherlei Verschiebungen und Neugründungen erfolgt. Sollten im vorliegenden Verzeichnis Anstalten nicht aufgenommen sein, da sie dem Herausgeber nicht bekannt wurden, so bittet er hierüber um gefällige Mitteilung nach Dresden-Bl., Schubertstraße 41.

Die Personalverhältnisse in den Anstalten unterliegen durch Neueinstellung, Versetzung und Abgang von Ärzten dauernden Veränderungen. Es ist versucht worden, durch Aussendung von Fragebogen etwa den Stand von Mitte des Jahres 1937 zu erfassen. Manche dieser Fragebogen sind nicht beantwortet worden, die betreffenden Anstalten mußten daher teilweise unerwähnt bleiben. Die Leser werden gebeten, etwaige Irrümer dem Herausgeber mitzuteilen.

Bei der Zusammenstellung der österreichischen Anstalten hat Herr Hofrat Dr. Mauczka, Direktor der Heil- und Pflegeanstalt „am Steinhof" in Wien wesentlich mitgewirkt. Das Manuskript über die Anstalten der Schweiz hat Herr Direktor Dr. Tramer in Solothurn-Rosegg freundlicherweise durchgesehen. Beiden Herren sei für ihre Mühewaltung herzlichst gedankt; ebenso Herrn Dr. Bersot, dem leitenden Arzt der Klinik Bellevue in Le Landeron (Neuenburg) für zahlreiche gefällige Auskünfte über die Schweizer Anstalten.

Archiv-Nr. 51 10 37

Druck von Walter de Gruyter & Co., Berlin W 35

Printed in Germany

Verzeichnis der Anstalten in alphabetischer Ordnung

A. Deutsches Reich

Aachen

1. Städtische Heil- und Pflegeanstalt **Mariabrunn** für weibliche Kranke (Geisteskranke), Aachen, Goethestr. 1.

Leitender Arzt: San.-Rat Dr. *Conrad Crapoll.* 4 Schwestern (Borromäerinnen), 4 weltliche Pflegerinnen. Geschlossene öffentliche Anstalt (Aufnahme ohne kreisärztliches Attest). 3 Pflegklassen mit 50 Plätzen, Höchstzahl 55. Zahl der Kranken am 1. 1. 37: 50 w., Zahl der Zugänge 1936: 155 w., der Abgänge 155 w., darunter Todesfälle 20 w. Psychiatrischer Außendienst, Familienpflege. Beratungsstelle für psychisch und Nervenkranke.

2. Heil- und Pflegeanstalt der **Alexianer**-Genossenschaft für männl. Geisteskranke, Schwachsinnige und Epileptiker, Aachen, Alexianergraben 33.

Zahl der Kranken am 1. 1. 1937: 200, Zugänge 1936: 113, Abgänge 95, darunter 17 Todesfälle. 210 Plätze, 3 Verpflegungsklassen. Leitender Arzt: Dr. med. *Wilhelm Koester*, 2. Arzt: San. Rat. Dr. *Thelen.* 55 Pfleger. Die Alexianerbrüder befassen sich schon seit Jahrhunderten mit der Pflege Geisteskranker. Die Anstalt wurde im 14. Jahrhundert eröffnet.

Absberg (Mittelfranken)

Ottilienheim, Unterrichts-, Erziehungs- und Versorgungsanstalt für geistesschwache Mädchen. Ebst. Langlau bei Gunzenhausen.

2,8 ha. Zahl der Kranken am 1.1.1936: 194 w., Zugänge im Jahre 1936: 12 w., Abgänge: 15 w., darunter Todesfälle: 10 w. Plätze 207. 2 Verpflegklassen. Direktor: Jos. Höringer — Direktor der Wagnerschen Wohltätigkeitsanstalten in Dillingen/Donau. Hausarzt: Dr. *Otto Pültz*, prakt. Arzt in Absberg. 26 Schwestern und 7 weltliche Helferinnen. Geschlossene Anstalt mit offener Abt., Pflegeabt. völlig abgeschlossen. Aufnahme finden: weibl. Schwachsinnige, Epileptische, Psychopathen, auch Krüppelhafte. Caritative Anstalt. Seit einigen Jahren auch 40 Geisteskranke. Beratungsstelle für psychisch Kranke, Nervenkranke und abnorme Kinder in Ansbach, Heil und Pflegeanstalt.

Ahrweiler (Reg.-Bez. Koblenz)

Dr. von Ehrenwall'sche Kuranstalt, Privatklinik für Gemüts-, Nerven- und innere Krankheiten. Ebst. Ahrweiler.

116 ha. Zahl der Kranken am 1.1.1937: 48 m., 60 w., Zugänge im Vorjahr: 715 m., 467 w., Abgänge: 716 m., 463 w., darunter Todesfälle: 3 m., 1 w. 230 Plätze. 1 Verpflegklasse. Leitender Arzt: Dr. *Emil Marx*, Abteilungsärzte: Dr. *Richard Sturm*, Dr. *Ludwig Stambach*; Assistenzärztin: Frl. Dr. *Hanna Traude*. 36 Pflegepersonal. Geschlossene und offene Abteilungen.

Allenberg bei Wehlau (Ostpreußen)

Provinzial-Heil- und Pflegeanstalt Allenberg. Ebst. Wehlau.

Zahl der Kranken am 1. 1. 1936: 659 m., 598 w., Zugänge im Jahre 1936: 230 m., 208 w., Abgänge: 216 m., 191 w., darunter Todesfälle: 53 m., 45 w. 1381 Plätze. 2 Verpflegklassen. Ärzte: Direktor Dr. *Bufe*, Oberarzt Dr. *Titius*, Oberarzt Dr. *Berg*, Oberarzt Dr. *Ortleb*, Oberarzt Dr. *Götze*, Anstaltsarzt Dr. *Salvesen*, Anstaltsärztin Dr. *Egger*, Assistenzarzt Dr. *Meier*, Assistenzarzt Dr. *Hensel*. 123 Pfleger, 86 Pflegerinnen. Geschlossene Anstalt. In Familienpflege: 60 m, 37 w.

Alsbach a. d. Bergstraße (Prov. Starkenburg-Hessen)

Sanatorium **Schloßberg** für Nervenkranke, Verstimmungen, Rekonvaleszenten, Entziehungskuren. Ebst. Hähnlein-Alsbach.

20 Plätze erster Klasse, 14 Plätze zweiter Klasse. Arzt: Prof. Dr. *Wassermeyer*.

Altengesees bei Lobenstein (Thür.)

Erziehungsheim für geistesschwache Knaben. Ebst. Leutenberg Bez. Luckenmühle (Thür.).

16 ha. Zahl der Kranken am 1. 1. 1936: 19 m., Zugänge 1936: 8 m., Abgänge: 7 m. 20 Plätze. 1 Verpflegungsklasse. Hausvater Diakon Nestle; Hausarzt Dr. *Gerlach* in Leutenberg. Pflegepersonal: Hauselternpaar, 1 Erzieher und landw. Verwalter mit Frau. Halboffene Anstalt. Im Sommer praktische Beschäftigung, im Winter Unterricht in Schul- und landwirtschaftlichen Fächern. In den meisten Fällen werden den zur Entlassung kommenden schwachsinnigen Zöglingen Dienststellen in der Landwirtschaft vermittelt.

Altmühldorf-Ecksberg (Oberbayern)

Pflegeanstalt für Schwachsinnige, Blöde, Epileptiker u. dgl. Ebst. Mühldorf a. Inn.

597 Tagwerk einschl. der Filialen Bachfam b. Weidenbach und Berg b. Schnaitsee. Zahl der Kranken am 1. 1. 1937 : 169 m., 180 w., Zugänge im Vorjahr: 10 m., 9 w., Abgänge: 6 m., 5 w., darunter Todesfälle: 4m., 5 w. 356 Plätze. 1 Verpflegklasse. Anstaltsdirektor: Geistl. Rat Gregorius Lunghamer; Anstaltsarzt: Bezirksarzt Dr. Max *Eder* in Mühldorf. 103 Schwestern, davon 28 Pflegerinnen, die übrigen in Schule, Kanzlei, Haus- u. Landwirtschaft tätig. Geschlossene Anstalt.

Altona (Provinz Schleswig-Holstein)

1. Psychiatrische Abteilung im **Städtischen** Krankenhaus, Altona Allee 164.

Zahl der Kranken am 1. 1. 1937 21 m., 25 w., im Vorjahr Zahl der Zugänge 293 m., 328 w., der Abgänge 272 m., 303 w., darunter Todesfälle 62 m., 46 w. 60 Plätze. 2 Verpflegungsklassen. Ärzte: Oberarzt Dr. C. *Stender*, Assistenzärztin Frl. Dr. *Fischer*. 8 Pfleger, 5 Schwestern, 2 Wärterinnen. Eröffnet 1. 9. 1861. Geschlossene Abteilung.

2. **Städt.** Heil- und Pflegeanstalt in Altona, Norderstr. 23.

Zahl der Kranken am 1. 1. 1937: 58 m., 63 w., im Vorjahr Zahl der Zugänge: 18 m., 22 w., der Abgänge: 19 m., 15 w., darunter Todesfälle: 12 m., 5 w. 121 Plätze. 1 Verpflegklasse. Behandelnder Arzt: Oberarzt Dr. med. *Stender;* Anstaltsleiter Oberinspektor Dermedde. 1 Schwester, 3 Wärter, 1 Haushelferin. Gegründet 1887. Geschlossene Anstalt.

Altscherbitz bei Schkeuditz

Landesheilanstalt der Provinz Sachsen. Ebst. Schkeuditz.

Zahl der Kranken am 1. 1. 1937: m. 617, w. 745, Zugänge im Jahr 1936: m. 245, w. 312, Abgänge: 268 m., 297 w., darunter Todesfälle: 56 m., 77 w. Direktor: Prov.-Ober-Med.-Rat Dr. *Gengnagel*, Stellvertreter Prov.-Ober-Med.-Rat Dr. *Engelken* und Prov.-Ober-Med.-Rat Dr. *Häuptner*. Ärzte: Prov.-Med.-Rat Dr. *Schwartz*, Prov.-Med.-Rat Dr. *Schröter*, Prov.-Med.-Rat Dr. *Franke*, Prov.-Med.-Rat Dr. *Weißgerber*, Assistenzarzt *Seeling* und Assistenzärztin *Montag*. 1350 Plätze. 117 Pfleger, 121 Pflegerinnen. 2 Verpflegungsklassen. Gegründet 1876.

Alzey, Rheinhessen

Landes-Heil- und Pflegeanstalt. Ebst. Alzey.

46 ha. Zahl der Kranken am 1. 1. 1937: 272 m., 298 w. Im Vorjahr Zahl der Zugänge: 119 m., 137 w., der Abgänge: 110 m., 137 w., darunter Todesfälle: 10 m., 12 w. 650 Plätze. 3 Verpflegklassen. Ärzte: commiss. Direktor: Med.-Rat Dr. *Ludwig Peters*, Oberarzt Med.Rat Dr. *Carl Kinsberger*, Anst.-Arzt Med.-Rat Dr. *Werner Splotmann*, Assistenz-Ärzte: Dr. *Hans Seiwert* und Dr. *Wilh. Behler*. 62 Pfleger, 63 Pflegerinnen. Gegründet 1908. Psychiatr. Außendienst in Mainz, Worms und Alzey. Geschlossene Anstalt. Ausgedehnte Familienpflege.

Amelsbüren (Westfalen), Haus Kannen bei Münster i. W.

Alexianer-Privat-Heilanstalt für männliche Geisteskranke. Ebst. Amelsbüren und Mecklenbeck. Haltestelle der Kraftpost Münster i. W.-Senden.

62 ha. Zahl der Kranken am 1. 1. 1937: 521 m., im Vorjahr Zahl der Zugänge 118 m., der Abgänge 67 m., darunter Todesfälle 20 m. 559 Plätze, 3 Verpflegungsklassen. 2 Ärzte: Dr. *Paul Wegener* und Dr. *Franz Welle*. 57 Alexianerbrüder, 5 weltliche Pfleger. Gegründet 1888. Geschlossene Anstalt mit offenen Abteilungen. Landwirtschaft, Gärtnerei und Betriebe zur Berufsförderung schwer erziehbarer Psychopathen, Alkoholiker und Morphinisten.

Andernach (Rheinprovinz)

Prov.-Heil- und Pflegeanstalt. Ebst. Andernach.

123 ha. Zahl der Kranken am 1. 1. 1937: 685 m., 688 w., im Vorjahr Zahl der Zugänge: 453 m., 259 w., der Abgänge 266 m., 248 w.; darunter Todesfälle 46 m., 59 w. 1410 Plätze, davon 110 in Heimen. 2 Verpflegklassen. Ärzte: Direktor Dr. *Johann Recktenwald*, Oberärzte: Dr. *Joseph Günther*, Dr. *Hermann Löw*, Anstaltsärzte: Dr. *Karl Cohnen*, Dr. *Ewald Kreisch*, Dr. *Paul Gies*, Vol.-Arzt: *Karl Horch*. 73 Pfleger, 74 Pflegerinnen. Gegründet 1876. Hauptamtlicher psychiatrischer Außendienst mit 17 Beratungsstellen. Geschlossene Anstalt mit offenen Abteilungen.

Angerburg (Ostpr.)

„Bethesda“ Ostpr. Wohltätigkeitsanstalt. Ebst. Angerburg.

650 Plätze. 3 Verpflegklassen und Diätküche. Anstaltsleiter: Pfarrer Lic. Erich Braun, Chefarzt: Dr. med. *Ernst Haebel*, Ass.-Arzt: *Georg Bohlius*. Offene Anstalt. Besteht aus 4 Abteilungen: Krüppelklinik, Kinderkrüppelheim, Siechenhäuser und Krüppellehranstalt; nimmt auch Schwachsinnige und dauernd Heimbedürftige auf. Im Jahre 1937 pflegte die Anstalt 160 Schwachsinnige.

Ansbach (Bayern)

Mittelfränkische **Kreis-**Heil- und Pflegeantalt.

100 ha. Zahl der Kranken am 1. 1. 1937: 540 m., 577 w., im Vorjahr Zahl der Zugänge 81 m., 96 w., der Abgänge 68 m., 85 w., darunter Todesfälle 27 m., 33 w. 1149 Plätze. 2 Verpflegklassen. Ärzte: Direktor: Dr. *Carl v. Hößlin*, Medizinalräte: Dr. *Martin Hohl*, Dr. *Josef Lackerbauer*, Oberärzte: Dr. *Karl Aleis*, Dr. *Jakob Thielen*, Dr. *Josef Wittmann*, Assistenzärztin Dr. *Irene Bruckmüller*. 116 Pfleger, 89 Pflegerinnen. Gegründet 1899. Psychiatrischer Außendienst.

Aplerbeck siehe **Dortmund**

Apolda (Thür.)

Pflegeanstalts-Stiftung **Carolinenheim** für geistig oder körperlich Gebrechliche. Ebst.: Apolda (Thür.).

2 ha Besitz, 2 ha Pacht. Zahl der Kranken am 1. 1. 1936: 55 m., 159 w., Zugänge im Jahre 1936: 28 m., 78 w., Abgänge: 23 m., 85 w., darunter Todesfälle: 18 m., 77 w. 220 Plätze. 3 Verpflegklassen. Leiter: Oberpfarrer Thöllden. Anstaltsarzt: Dr. med. *W. Schultze.* Pflegepersonal: 8 m., 26 w. Offene Anstalt.

Arnsdorf (Bez. Dresden)

Staatliche Heil- und Pflegeanstalt. Ebst. Arnsdorf (Sachs.).

160 ha. Zahl der Kranken am 1. 1. 1937: 702 m., 1043 w. Im Vorjahre Zahl der Zugänge 249 m., 373 w., der Abgänge 232 m., 322 w., darunter Todesfälle 44 m., 50 w. Normale Belegung: 1596. Höchste Belegung: 1661. 3 Verpflegklassen. Ärzte: Anstaltsdirektor und Chefarzt: Oberregierungsmedizinalrat Dr. *Wilhelm Sagel*; Dr. *Rudolf Klaubert*, Oberregierungsmedizinalrat, stellvertretender Anstaltsdirektor; Regierungsmedizinalräte: Dr. *Willy Hoffmann*, Dr. *Werner Künzel*, Dr. *Ernst Leonhardt*, Dr. *Johannes Kuniß*, Dr. *Just Roth.* Assistenzärzte: Dr. *Gerhard Wischer*, Dr. *Johann Kugler*, *Wilhelm Brauer*, Dr. *Arthur Dähne.* Prosektor: Oberregierungsmedizinalrat Dr. *Waldemar Hammerbeck.* (Die Prosektur besteht zugleich für die Landesanstalten Sonnenstein und Großschweidnitz). 4 Stellen für Medizinalpraktikanten. 100 Pfleger, 12 Wärter, 126 Schwestern, 91 Wärterinnen. (120 Männer befinden sich in Schwesternpflege). Gegründet 1912. Geschlossene Anstalt mit offenen Abteilungen. Erbkrankensichtungsstelle für Sachsen. Außenabteilung Röderhof für 67 Schwachsinnige. In Arnsdorf befindet sich auch das zur Ausbildung aller Schwestern für die sächsischen Landesanstalten bestimmte Schwesternhaus (Leiter der Schwesternschule und der staatlichen Schwesternschaft ist der Oberarzt der Landesanstalt).

Attl (Oberbayern)

Pflegeanstalt für männliche Geisteskranke. Ebst. Wasserburg.

80 ha. Zahl der Verpflegten am 1. 1. 1937: 270 m. Zugänge im Vorjahr: 35 m., Abgänge 32 m., darunter Todesfälle: 22 m. 275 Plätze. 1 Verpflegklasse. Anstaltsarzt: z. Z. Bez. Arzt Dr. *Opel* in Wasserburg a. Inn. Pfleger: 22 Brüder vom Hospitalorden des hl. Johann v. Gott. Geschlossene Anstalt mit offener Abteilung.

Aue b. Schmalkalden (Reg.-Bez. Kassel)

Christliche Anstalt für Schwachsinnige. Ebst. Schmalkalden (Thür.).

3 ha. Zahl der Kranken am 1. 1. 1937: 70 m., 74 w., Zahl der Zugänge im Vorjahr: 11 m. u. 9 w., der Abgänge 6 m. u. 6 w., darunter 4 m. und 1 w. Todesfall. 148 Anstaltsplätze; 2 Verpflegklassen. Leiter: Regierungsrat a. D. Diederich in Stuttgart-Degerloch; Arzt Mediz. Rat Dr. *Metzdorff* in Schmalkalden; Hausvater Hans Braun. 16 Pflegepersonal. Geschlossene Anstalt.

Augsburg (Bayern)

Abteilung für Geisteskranke im Städt. Hauptkrankenhaus.

26 Plätze. Direktor Prof. Sauer.

Aulhausen b. Aßmannshausen a. Rh.

St. Vinzenzstift, Bildungs- und Pflegeanstalt für Schwachbegabte (hauptsächlich Kinder). Ebst. Aßmannshausen a. Rh.

275 Morgen. Zahl der Kranken am 1. 1. 1937: 354 m., 206 w., Zugänge im Vorjahr: 64 m., 27 w. Abgänge: 22 m., 18 w., darunter Todesfälle: 7 m., 7 w. 570 Plätze. 1 Verpflegklasse. Hans Klarmann, geistl. Direktor. Ärzte: Dr. *Nordmann*, Med.-Rat, Dr. *Strasser*, Fachärztin f. Neurologie u. Psychiatrie. 46 Ordensschwestern u. 42 weltliche Pflegerinnen. Geschlossene Anstalt mit offener Abteilung (auf dem Landgut). Dazu vollständig ausgebildete Hilfsschule (2 Vorschulen, 7 getrennt aufsteigende Klassen mit einer Sammelklasse); 12 Lehrkräfte. Ferner Werkstätten für Schreinerei, Schusterei, Schneiderei, Gärtnerei, Landwirtschaft, Bäckerei, Schlosserei.

Baden-Baden

1. **Sanatorium Quisisana** für innere und Nervenleiden, Stoffwechselkrankeiten und Erschöpfungszustände in Baden-Baden, Bismarckstr. 19-21. Ebst. Baden-Baden.

Zu- und Abgänge im Jahre 1936: 580, davon etwa die Hälfte männl. und die Hälfte weibl. 60 Plätze. 1 Verpflegklasse. Leitender Arzt: Dr. *Max Hedinger* und eine Assistenzärztin. Pflegepersonal: 3 Schwestern; 1 Diätschwester.

2. Ärztliches Familienheim für Nervöse und Erholungsbedürftige in Baden-Baden, Moltkestr. 3.

Höchstzahl 8 Patienten, die in der Nähe des Arztes sein wollen. Leiter: Nervenarzt Dr. med. *H. W. Zahn*. Eventuell Psychotherapie; Diätkuren.

Bamberg (Bayern, Oberfranken)

Städtische Heil- und Pflegeanstalt **St. Getreu.**

13 ha. Zahl der Kranken am 1. 1. 1937: 94 m., 106 w., Zahl der Zu-

gänge im Vorjahr 96 m., 87 w., der Abgänge 95 m., 74 w., darunter Todesfälle 7 m, 12 w. 215 Plätze. 3 Verpflegklassen. Ärzte: Direktor Dr. *Adolf Fuchs*. Anstaltsarzt Dr. *Hans Götz*, 1 Med. Pr. 49 Pflegepersonal. Gegründet 1805, in welchem Jahre des Probsteigebäude des Benediktinerklosters Michaelsberg bei der Säkularisation zu einer Irrenanstalt mit 20 Plätzen bestimmt wurde. Im Laufe der Jahre Vergrößerung. 1908 Neubau und durchgreifende Erneuerung, die seit 1935 weiter fortgesetzt wird.

Bayreuth (Oberfranken, Bayern)

1. Oberfränkische **Kreis**-Heil- und Pflegeanstalt **Bayreuth.**

106 Tagwerk. Zahl der Kranken am 1. 1. 1937: 310 m., 327 w., im Vorjahre Zahl der Zugänge 111 m., 115 w., der Abgänge 90 m., 123 w., darunter Todesfälle 16 m., 22 w. 640 Plätze. 2 Verpflegklassen. Ärzte: Direktor Obermedizinalrat Dr. *Karl Schwarz*, Medizinalrat I. Kl. Dr. *Hannibal Bornebusch*, Oberarzt Dr. *Georg Eisen*, eine Oberarztstelle vakant. 53 Pfleger, 58 Pflegerinnen. Gegründet 1870. Psychiatrischer Außendienst, Beratungsstellen in Hof, Selb und Bayreuth. Geschlossene Anstalt mit offenen Abteilungen.

2. Sanatorien **Mainschloß u. Herzoghöhe Bayreuth.**

a) Kurhaus **Mainschloß** (offene Anstalt),

b) Sanatorium **Herzoghöhe** (geschlossene Anstalt mit offener Abteilung).

25 Tagwerk. Zahl der Kranken am 1. 1. 1937: 29 m., 30 w., im Vorjahr Zahl der Zugänge 52 m., 60 w., Zahl der Abgänge 39 m., 81 w., darunter Todesfälle 3 m., 7 w. 124 Plätze, 1 Verpflegklasse. Ärzte: Dr. med *Kurt Bach*, ärztl. Leiter u. Geschäftsführer, Dr. *B. Beyer*, *W. Busse*. 30 Pfleger und Pflegerinnen. Gegründet 1861, Sanatorium Herzoghöhe 1894 neu erbaut, Kurhaus Mainschloß 1907 neu erbaut.

Bedburg-Hau (Kreis Kleve-Rheinprovinz)

Provinzial-Heil- u. Pflegeanstalt. Ebst. Bedburg-Hau.

216 ha. Zahl der Kranken am 1. 1. 1937: 1792 m., 1719 w., im Vorjahre Zahl der Zugänge 628 m., 380 w., der Abgänge 349 m., 361 w., darunter Todesfälle 103 m., 159 w. 3450 Plätze. 1 Verpflegungsklasse. Ärzte: Direktor Dr. *Arthur Trapet*, I. Oberarzt und stellvertr. Direktor Dr. *Wilhelm Kleine*, II. stellvertr. Direktor Oberarzt Dr. *Leo Winkel*, Oberärzte Dr. *Friedrich Witte* (Prosektor), Dr. *Heinrich Stahl*, Dr. *Heinrich Danneh*l, Dr. *Walter Tödter*, Dr. *Heinrich Schnitzler*. Anstaltsärzte: Dr. *Josef Heuschen*, Dr. *Walter Geller*. Assistenzärzte: Dr. *Herbert Pfau*, Dr. *Hedwig Kessing*, Dr. *Gertrud Barten*, Dr. *Paul Gries*. 2 Med. Praktikanten. Pflegepersonal: 377. Gegründet: 1911.

Im Marienhospital in Haldern sind 46 ruhige, pflegebedürftige Kranke der Anstalt Bedburg-Hau in Heimpflege untergebracht.

Benninghausen (Westfalen) über Lippstadt

Trinkerheilstätte: **Westhof.** Ebst. Benninghausen.

3,3 ha. Zahl der Kranken am 1. 1. 1936: 115 m., 15 w., Zugänge im Jahre 1936: 155 m., 12 w., Abgänge: 161 m., 20 w., kein Todesfall. Anstaltsplätze: 120 m., 30 w. 1 Verpflegklasse. Anstaltsleiter: Direktor H. Sieler. Anstaltsarzt: Dr. med. H. *Take*. 12 Pfleger, 1 Pflegerin. Geschlossene Anstalt. Arbeitstherapie, sportliche Betätigung, Aufklärungsunterricht. Geschlossene Anstalt für entmündigte Trinker.

Bergstadt O.-S.

Landes-Pflege- und Erziehungsanstalt (früher Leschnitz O.-S.). Ebst. Leschnitz-St. Annaberg.

400 Morgen. Zahl der Kranken am 1.1.1936: m. 216, w. 178, Zugänge im Jahre 1936: 70 m., 44 w. Abgänge: 51 m., 37 w., darunter Todesfälle: 9 m., 10 w. 450 Plätze. 1 Verpflegklasse. Ärzte: Anstaltsdirektor *Max Schröder*. Anstaltsarzt (im Nebenamt) Dr. *Hugo Rachfahl*. 26 Pfleger, 31 Pflegerinnen (dabei 4 Ordensschwestern im Anstaltskrankenhaus). Geschlossene Anstalt. Die Insassen der Anstalt gliedern sich in Schwachsinnige, Epileptiker und Geisteskranke.

Berlin

1. Psychiatrische und Nervenklinik der **Universität Berlin,** Charité, Schumannstr. 20/21.

Zahl der Kranken am 1. 1. 1936: 100 m., 96 w., Zugänge im Jahre 1936: 1471 m., 1125 w., Abgänge: 1465 m., 1113 w., darunter Todesfälle: 78 m., 51 w. 248 Plätze. 3 Verpflegklassen. Ärzte: Direktor Dr. med. *Bonhoeffer*, Geh.Med.-Rat u. o. Universitäts-Professor. Oberärzte: Professor Dr. *Hans-Gerhard Creutzfeldt*, Prof. Dr. *Georg Zutt*. 3 planmäßige Assistenzärzte: Dr. *Christel Roggenbau*, Dozent, Dr. *Walter Betzendahl*, Dozent, Dr. *Heinrich Scheller*. 1 Militärarzt: Stabsarzt Dr. *Joachim Rost*; 10 außerplanmäßige Assistenzärzte: Dr. *Rüsken*, Dr. *Kujath*, Dr. *Bormann*, Dr. *Kucher*, Dr. *Möllmann*, Dr. *Sternberg*, Dr. *Kluge*, Dr. *Wilke*, Dr. *Kurth*, Dr. *Greverus*. 58 m., 65 w. Pflegepersonal. Gegründet als besondere Klinik 1865. Geschlossene Anstalt mit offener Abteilung. Beobachtungsstation für psychopathische Kinder. Poliklinik für psychische und Nervenkranke, aufgesucht im Jahre 1936 von 2515 m. u. 2196 w.

2. **Kaiser Wilhelm-Institut** für Hirnforschung in Berlin-Buch, Lindenberger Weg 70. Ebst. Buch.

Das durch *Oskar Vogt* ins Leben gerufene, früher mit dem Neurobiologischen Institut der Universität Berlin verbundene Kaiser Wilhelm-Institut für Hirnforschung in Buch ist am 2. Juni 1931 eröffnet worden. Seit dem 1. April 1937 wird es von *Hugo Spatz* geleitet. Das Institut will verschiedene Arbeitsweisen in den Dienst der Hirnforschung stellen.

In einer eigenen Klinik mit 60 Plätzen (Oberarzt Dr. *Gertrud Soeken*) werden Kranke mit selteneren chronischen Gehirnleiden, meist erblicher Natur, verpflegt (insbesonders Stammganglienkrankheiten und präsenile Verblödungsprozesse).

z. Z. sind folgende Forschungsabteilungen in Betrieb: 1. Abteilung für Anatomie und Pathologie des Gehirns (Prof. *Hugo Spatz*), 2. Abteilung für menschliche Erb- und Konstitutionslehre (Dr. *Bernhard Patzig*), 3. Abteilung für experimentelle Physiologie des Gehirns (Dr. *A. E. Kornmüller*), 4. Physikalisch-Technische Abteilung (Dr. *Hans-Joachim Schaeder*), 5. Abteilung für experimentelle Pathologie des Gehirns und für Tumorforschung (Prof. *Wilhelm Tönnis*).

Dem Hirnforschungs-Institut sind derzeit zwei weitere Abteilungen angeschlossen, deren Arbeitsgebiete mit der Hirnforschung nur in lockerem Zusammenhang stehen: 1. Abteilung für experimentelle Genetik (Dr. W. *Timofeeff-Ressovsky*), 2. Phonometrische Abteilung (Dr. *Eberhard Zwirner*).

3. **Städtische** Heil- u. Pflegeanstalt **Buch.** Ebst. Buch.

56 ha. Direktion: Ärztlicher Direktor: Dr. *Bender*. Verwaltungsdirektor: Holstein. Zahl der Kranken am 1. 1. 1937: 1022 m., 1587 w., im Vorjahre Zahl der Zugänge 905 m., 1166 w., der Abgänge: 933 m., 1249 w., darunter Todesfälle: 104 m., 272 w. 2700 Plätze, 1 Verpflegklasse. Ärzte: Dirigierende Ärzte: Prof. Dr. *Seelert*. (1 Stelle zurzeit frei). Abt. Direktor: Professor Dr. *Hans Anders*, Prosektor. Oberärzte: Dr. *Waldemar Eicke*, Dr. *Georg Adam*, Dr. *Gustav Blume*, Dr. *Georg Franke*, Dr. *Werner Pleger*, Dr. *Karl Klothe*, Dr. *Arnold Warstadt* (1 Stelle zurzeit frei). Anstaltsärzte: Dr. *Dietrich Rühle*, Dr. *Siegfried Freytag*. Assistenzärzte: Frl. *Jngeborg Kath*, Dr. *Lotte Buske*, 1 Stelle unbesetzt. Dr. *Friedrich Gerth* (im Neuropathologischen Institut tätig), Dr. *Hans Sagebiel*. Hilfsärzte: *Horst Pawlick* (1 Stelle unbesetzt). — 664 Pflegepersonal. Gegründet 1906. 1910 wurde ein neuer Bau des Verwahrungshauses für kriminelle Geisteskranke eröffnet. Familienpflege. Geschlossene Anstalt mit offenen Abteilungen.

4. **Städt.** Heil- u. Pflegeanstalt **Herzberge** in **Berlin-Lichtenberg,** Herzbergstr. 79. Ebst. Berlin-Lichtenberg-Friedrichsfelde.

86 ha. Zahl der Kranken am 1. 1. 1937: 700 m., 1090 w., im Vorjahr Zahl der Zugänge: 943 m., 1103 w., der Abgänge 956 m., 1105 w., darunter Todesfälle: 125 m., 187 w. 1840 Plätze. Ärzte: ärztl. Direktor Dr. *Otto Schulze*; dirig. Ärzte: Prof. Dr. *Thiele*, Dr. *Hagedorn*; Anstaltsärzte: Dr. *Sünner*, Dr. *Raymann*; Oberärzte: Dr. *Sturm*, Dr. *Schulze-Bunte*, Dr. *Balthasar*; Assistenzärzte: Dr. *Clauß*, Dr. *Lindner*, Dr. *Ludwig*; Hilfsärzte: Dr. *Mensch*, Dr. *Niewert*, Dr. *Kuhloro*. 388 Pflegepersonal. Gegründet 1893, von da bis 1914 unter Prof. Dr. *Moeli*, von 1914—1920 unter Leitung von Prof. Dr. *Liebmann*, sodann Dr. *Falkenberg*, Dr. *Hildebrandt*. Psychiatrischer Außendienst, Familienpflege. Geschlossene Anstalt.

5. **Wittenauer Heilstätten der Stadt Berlin** in **Berlin-Wittenau,** Oranienburgerstr. 285.

Abteilungen: Hauptanstalt: Aufnahme und Pflege von geisteskranken Männern und Frauen, Erziehungsheim: Behandlung von schwachsinnigen, noch bildungsfähigen Kindern, Beobachtungsstation des Erziehungsheims: Beobachtung von nervenkranken Kindern, Nervenklinik Wiesengrund: Behandlung und Beobachtung von nervenkranken Männern.

Zahl der Kranken am 1. 1. 1937: Hauptanstalt: 883 Männer, 875 Frauen = 1758; Erziehungsheim: 120 Knaben, 48 Mädchen = 168; Beobachtungsstat.: 16 Knaben, 5 Mädchen = 21; Nervenkl. Wiesengrund 42 Männer = 42, zus. 1989. — Zahl der Zugänge im Kalenderjahr 1936: Hauptanstalt: 1009 Männer, 1073 Frauen = 2082; Erziehungsheim: 58 Knaben, 25 Mädchen = 83; Beobachtungsstation: 81 Knaben, 44 Mädchen = 125; Nervenklinik Wiesengrund: 176 Männer = 176, zus. 2466. Zahl der Abgänge im Kalenderjahr 1936: Hauptanstalt: 784 Männer, 952 Frauen = 1736; Erziehungsheim: 44 Knaben, 18 Mädchen = 62; Beobachtungsstat.: 84 Knaben, 43 Mädchen = 127; Nervenklinik Wiesengrund: 186 Männer = 186, zus. 2111. Zahl der Todesfälle im Kalenderjahr 1936: Hauptanstalt: 155 Männer, 114 Frauen = 269; Erziehungsheim: 1 Knabe; Beobachtungsstat.: 2 Knaben, 1 Mädchen = 3; Nervenklinik Wiesengrund: 1 Mann, zus. 274. Etatsmäßige Bettenzahl: Hauptanstalt: 1750, Erziehungsheim m. Beobachtungsstation 195, Nervenklinik Wiesengrund 50, zus. 1995. Direktion: Dr. *Waetzoldt*, Ärztl. Direktor; Braasch, Verwaltungsdirektor. Ärzte: 1 Dirigierender Arzt: Dr. *Hasse*, 6 Oberärzte: Dr. *Balluff*, Dr. *Heine*, Dr. *Schneider*, Dr. *Wauschkuhn*, Dr. *Silberschmidt*, Dr. *Brehm*, 2 Anstaltsärzte: Dr. *Heinrich*, Dr. *Behrent*, 5 Assistenzärzte: Dr. *Riedmüller*, Dr. *Kasteleiner*, Dr. *Hübner*, Dr. *Meyer*, Dr. *Bonse*, 2 Hilfsärzte: Dr. *Kehm*, Dr. *Ortseiffen*. 447 Pflegepersonal, Zahl der Angestellten u. Arbeiter: 124. Dalldorf gegründet 1879, neuhinzugebaut wurde 1881 das Erziehungsheim der Wittenauer Heilstätten, 1895 eine Baracke für Infektionskranke. 1926 wurden die beiden Koloniehäuser zu einer Nervenklinik umgebaut, die unter dem Namen Nervenklinik Wiesengrund mit 60 Plätzen im Oktober 1926 eröffnet wurde.

6. **Wuhlgarten,** Berlin Biesdorf. **Städt.** Heil- u. Pflegeanstalt (Stadtbahn, Vorortverkehr).

Im Rechnungsjahr 1935: 1378 Epileptiker u. Geisteskranke, 210 Hospitaliten m. und 28 tuberkulöse Männer = 1616 Plätze; Aufnahmen: 335 m., 240 w., Abgänge: 294 m., 199 w., darunter Todesfälle: 65 m., 24 w. 1 Verpflegklasse. Ärzte: Ärztl. Direktor, kommissarisch: Oberarzt Dr. *Wagenknecht*, Oberärzte: Dr. *Hans Henke*, Dr. *Heinrich Peters*, Dr. *Wolf-Küster*. Anstaltsarzt: Dr. *Ellen Heinrici*. Assistenzärzte: Dr. *Kurt Zietsch* u. *Julie Mettel*. 318 Pflegepersonal. 1893 gegründet. Familienpflege. Geschlossene Anstalt.

7. Beobachtungsabteilung der **Strafanstalt Berlin-Plötzensee.**

Zahl der Insassen am 1. 1. 1936: 29 m., Zugänge im Jahr 1936: 92 m., Abgänge: 92, darunter 2 Todesfälle. 45 Anstaltsplätze. Strafanstaltsverpflegung. Leitender Arzt: Medizinalrat Dr. *Schmidt*. 5 ausgebildete Pfleger und 9 zur Überwachung. Geschlossene Anstalt.

8. **Berlin-Lankwitz „Berolinum"**, Viktoriastr. 60. Privat-Heil- und Pflegeanstalt für Nerven- und Gemütskranke.

5 Morgen. Zahl der Kranken am 1. 1. 1936: 17 m., 43 w., Zugänge im Jahre 1936: 72 m., 128 w., Abgänge: 74 m., 133 w., darunter Todesfälle: 14 m., 17 w. 92 Plätze. 3 Verpflegklassen. Leit. Arzt: Dr. *Hanns Schwarz*; Assistenz-Ärzte: Dr. *Hans Citron*, Dr. *Kurt Schwaiger*. 4 Pfleger, 9 Pflegerinnen. Geschlossene Anstalt mit offener Abteilung, in die auch „freiwillige Pensionäre" aufgenommen werden.

9. **Berlin-Lichterfelde-Ost,** Sanatorium für Nerven- und innere Kranke, Rekonvaleszenten und Erholungsbedürftige von Frau **Charlotte Goldstein** in **Berlin,** Jungfernstieg 14.

Moderne Therapie. Diät-, Liege-, Entziehungskuren. Ärztliche Leitung: Dr. *Kurt Mendel*.

10. **Berlin-Nikolassee „Waldhaus"**, Klinik, Kur- und Pflegeanstalt für Nerven- und Gemütskranke. Ebst. Berlin-Nikolassee.

20 Morgen. Zahl der Kranken am 1. 1. 1937: 49 m., 111 w., Zugänge im Vorjahr: 204 m., 381 w., Abgänge: 192 m., 365 w., darunter Todesfälle: 10 m., 22 w. 180 Plätze. 3 Verpflegklassen. Besitzer: Provinzialausschuß für Innere Mission der Provinz Brandenburg. Leitender Arzt: Dozent Dr. *Heinrich Schulte*. Assistenzärztinnen: Dr. *Mierdel* u. *von Bomhard*; Assistenzarzt: Dr. *Milberg*, 1 Volontärarzt u. 2 Med. Praktikanten. 38 Pflegepersonal und ständig ca. 15 freie Schwestern. Offene, halboffene und geschlossene Abteilungen.

11. **Berlin-Tegel, Sanatorium Waldhaus,** Privat-Heilanstalt für Nervenkranke in Berlin-Tegel, Bernauer Str. 4. Ebst. Berlin-Tegel.

4 Morgen. Zahl der Kranken am 1. 1. 1927: 64 w., Zugänge im Vorjahr 203 w., Abgänge 204, darunter 11 Todesfälle. 64 Plätze. 3 Verpflegklassen. Besitzer u. leit. Arzt Dr. *Paul Horn*. 7 Pflegepers. Gründungsjahr 1894. Geschlossene Anstalt mit offener Abteilung.

12. **Berlin-Weißensee, St. Josefs-Heilanstalt** für männliche Gemüts- und Nervenkranke, Gartenstr. 1—5.

15 ha. Ärztl. Direktor: Landesmedizinalrat i. R. Dr. *Wiehl*. 2 Assistenzärzte. 50 Pfleger. 380 Plätze. Zahl der Kranken am 1. 1. 1937: 360 m., Zugänge im Vorjahr 660 m., Abgänge 619 m. Gründungsjahr 1891 (als Zweiganstalt der Alexianeranstalt in Neuß a. Rhein). Geschlossene Anstalt mit offenen Abteilungen.

13. Trinker-Heilstätte Klaistrow bei **Berlin** siehe **Klaistrow.**

Bernau bei Berlin

Privat-Heilanstalt für Nerven- und Gemütskranke. Ebst. Bernau-Berlin, Vorortverkehr.

160 Plätze. a) Waldsanatorium, offene Anstalt für Kranke beiderlei Geschlechts, für Nervöse jeder Art, große Park- und Gartenanlagen, Arbeitstherapie; b) geschlossene Anstalt für Kranke beiderlei Geschlechts, in der Stadt, Kaiserstr. 50—56. 3 Ärzte: Leitende Ärzte: Dr. *Alois Wieners* und Medizinalrat Dr. *Lenneper.*

Bernburg, Freistaat Anhalt

1. **Landes**-Heil und Pflege-Anstalt. Ebst. Bernburg.

57 ha. Zahl der Kranken am 1. 1. 1937: 252 m., 234 w., im Vorjahre Zahl der Zugänge: 115 m., 105 w., Abgänge: 100 m., 85 w., darunter Todesfälle 23 m., 19 w. 500 Plätze. 2 Verpflegklassen. Ärzte: Direktor Prof. Dr. *Gustav Heyse*, I. Oberarzt Dr. *Heinz Görich,* Oberarzt Dr. *Fritz Pfeiffer*, 1 *Praktikant.* 75 Pfleger und Pflegerinnen, 10 Diakonissen. Gegründet 1875. Geschlossene Anstalt.

2. Evangelisches Mädchenheim **St. Johannes**-Pflegeanstalt.

3 ha. Zahl der Kranken am 1. 1. 36: 87 w., Zugänge im Jahre 1936: —, Abgänge: 2 w., darunter Todesfälle: 2 w. 87 Anstaltsplätze. 1 Verpflegklasse. Direktor: Pastor B. Kindscher; Arzt: Dr. *Wegener.* Pflegepersonal: 8. Geschlossene Anstalt. Das Heim wird mit geistesschwachen Pfleglingen von der Landesanstalt Uchtspringe (Altmark) belegt.

Bethel bei Bielefeld

v. Bodelschwingsche Anstalten Bethel nebst Zweiganstalten Eckardtsheim und Freistatt. Ebst.: Bethel bei Bielefeld.

2000 ha. Mehr als 50 Kranken- und Pflegehäuser. Zahl der Kranken am 1. 1. 1935: 1637 m., 1126 w., Zugänge im Jahre 1935: 1716 m., 182 w., Abgänge: 1289 m., 165 w., darunter Todesfälle: 107 m., 39 w. Plätze: ca. 3300 (davon 2300 für Krampfkranke, 600 für Geisteskranke, der Rest für Nervenkranke, Psychopathen, einschl. Trunksüchtige und Sieche. 4 Verpflegklassen. Leit. Arzt: Prof. Dr. *Villinger,* Nervenarzt. Anstaltsoberärzte: Dr. *Volland* (stellv. leit. Arzt), Dr. *Welck*, Dr. *Hebel,* Dr. *Knöppler*; Nervenärzte: Dr. *Dieckel,* Dr. *Wilmers,* Dr. *Jobohm,* Dr. *Fehlhaber,* Dr. *Köhler,* Dr. *Klimmer,* Dr. *Wagner.* Abteilungsarzt: Frl. Dr. v. *Griesheim* (Nervenarzt). Ass.-Ärzte: Dr. *Fürstenberg,* Dr. *Joachim,* Frl. Dr. *Janssen,* Dr. *Reckeweg.* 4 Med. Prakt.-Stellen. Nebenamtlich mitwirk. Fachärzte: Dr. *Gravemann* (Nasen-, Ohren-, Halsarzt), Dr. *v. Volkmann* (Augenarzt), Dr. *Felix* (Orthopäd), Dr. *Kuhlo* (Zahnarzt), Dr. *Nordmann* (Zahnarzt). 240 Pfleger, 209 Pflegerinnen. Offene Anstalt mit offenen, halboffenen u. geschlossenen Häusern. Beratungsstelle für psychisch Kranke, Nervenkranke, Trunksüchtige und abnorme Kinder. Gegründet 1867. „Bethel" ist Gesamtbezeichnung für die „v. Bodelschwinghschen Anstalten", die der „Inneren Mission" angeschlossen mannigfachen Nöten dienen wollen. Bei der Begründung war nur an Epileptische gedacht. Die Arbeit dehnte sich dann auf Kleinkinder, Waise, Wanderer, Arbeitslose, Psychopathen, Führungsbedürftige, Trinker, Nerven-, Gemüts- und Geisteskranke, Fürsorgezöglinge usw. aus. Damit verband sich Urbarmachung von Heide und Moor, Arbeiterkleinsiedlung, landwirtschaftliche Umschulung jugendlicher Industriearbeiter, Dienst in Herbergen zur Heimat, Einrichtung von Heimen für Mägde und für Fabrikarbeiterinnen, von Altersheimen und von Erholungsstätten für Gesunde. Ferner wurden Schulen für Hauswirtschaft, höhere Lehranstalten und Ausbildungsstätten für Theologen begründet. — Die vorstehenden Zahlen betreffen ausschließlich die rein ärztliche Arbeit. Schon 1869 war auch ein Diakonissenmutterhaus entstanden; es erhielt später den Namen „Sarepta". Um die für die Kranken nötigen männlichen Pflegekräfte zu erhalten, gründete Pastor von Bodelschwingh 1877 ein — später „Nazareth" genanntes — eigenes Diakonenhaus.

Heilstätte für Alkoholkranke siehe Eckardtsheim!

Bethel-Sarepta

Psychiatrische und Nervenabteilung der Krankenanstalten der Westf. Diakonissenanstalt **Sarepta** in Bethel bei Bielefeld.

Zahl der Kranken am 1. 1. 1936: 191 w., Zugänge im Jahre 1936: 239 w., Abgänge 234 w., darunter Todesfälle 20 w. 180 m. Kranke wurden auf der neurologischen Männerstation innerhalb des allgem. Krankenhauses Bethel behandelt. 211 Plätze (für weibliche Kranke). 2 Verpflegklassen. Ärzte: leit. Arzt: Dr. med. *Jaszersen*, erster Assistenzarzt: Dr. med. *Günther*, zweite Assistenzärztin: Dr. med. *Runge*. 46 Pflegerinnen. Geschlossene Anstalt mit offener Abteilung.

Bethesda siehe Lintorf und Angerburg

Beuthen (Oberschlesien)

Robertusstift, Privatanstalt für Geisteskranke, insbes. für Altersschwache und Sieche. Ebst. Beuthen O.-S.

Im Jahre 1936 wurden 307 Kranke verpflegt, 72 wurden entlassen, 34 sind verstorben. 200 Plätze. 1 Verpflegklasse. Hausarzt Dr. *Schmidt*, nebenamtlich. 12 Schwestern, 12 Hausgehilfinnen, 1 Haushälter. Halboffene Anstalt und Invalidenhaus.

Bielstein (Reg.-Bez. Köln, Oberbergischer Kreis)

Privatheilanstalt **Waldesruhe** für Erwerbsbeschränkte und halbe Kräfte. Ebst. Bielstein Rhld.

36 ha. Zahl der Kranken am 1. 1. 1937: 26 m., 2 w., Zugänge im Vorjahr: 5 m., 2 w. Abgänge: 1 m., 2 w. 30 Plätze. 1 Verpflegklasse. Direktor Pfarrer Lic. Weßler in Duisburg. Heimleiter: Hausvater E. Hensel in Waldesruhe b. Bielstein/Rhld. 4 Pflegepersonal. Halboffene Fürsorge. Psychiatrischer Außendienst. Die Anstalt ist Eigentum der Diakonen-Anstalt Duisburg.

Bischofswerder, Westpr.

Ebst. ebenso. Diaspora-Anstalt.

5 ha. Zahl der Kranken am 1. 1. 1936: 84 m., 54 w., Zugänge im Jahre 1936: 19 m., 34 w., Abgänge: 15 m., 11w., darunter Todesfälle: 5 m., 8 w. 175 Plätze. 1 Verpflegklasse. Anstaltsleiter: Pfarrer Dießelberg-Bischofswerder; Arzt: Dr. *Winkler*-Bischofswerder (nebenamtlich). 2 Pfleger, 9 Pflegerinnen. Offene Anstalt. Großfamilienpflegstelle der Provinzial-Heil- und Pflegeanstalt Riesenburg-Westpreußen, in der Hauptsache: Kleinkinder, Krüppel, Sieche.

Blankenburg-Bad (Thüringerwald)

1. **Sanatorium Villa Emilia** für Nerven- u. innere Kranke. Ebst. Bad Blankenburg (Thür.).

Zahl der Kranken am 1. 1. 1937: 8 m., 7 w., Zugänge 1936: 277 m., 214 w., Abgänge 276 m., 214 w. 72 Plätze. Das Sanatorium nimmt außer Privatpatienten seit mehreren Jahren auch Versicherte der Reichsversicherungsanstalt f. Angestellte auf. Besitzer und leitender Arzt: Sanitätsrat Dr. *Warda*, Facharzt f. Nervenkranke; mitleitender Arzt: Dr. *Groß*, Facharzt für innere Medizin. 12 Pflegepersonal.

2. **Sanatorium Schwarzeck** für innere u. Nervenkranke.

Ärzte: Dr. *Wiedeburg*, Assistenzärzte Dr. *Gebhardt* u. Dr. *Weiß*. 150 Plätze.

Blankenhain, Thüringen

1. Thüringische **Landes**heilanstalt. Ebst. Blankenhain, Thüringen.

4 ha. Zahl der Kranken am 1. 1. 1937: 207 m., 238 w., im Vorjahre Zahl der Zugänge: 18 m., 27 w., Abgänge: 21 m., 34 w., davon Todesfälle: 3 m., 9 w. 510 Plätze. 2 Verpflegklassen. Ärzte: Direktor Obermedizinalrat Dr. *Hans Hellbach*, Oberarzt Med.-Rat Dr. *Hermann Brünger*, Med.-Rat Dr. *Friedrich Michel*, Med.-Rat Dr. *Richard Greiner*. 129 Pfleger und Pflegerinnen. Eröffnet 1840 in Kapellendorf b. Jena als Asyl für gebrechliche und geistesschwache Personen, 1854 nach Blankenhain verlegt. Später mehrfach erweitert. Geschlossene Anstalt. Landwirtschaftsbetrieb.

2. Sanatorium für Nerven-, innere u. Stoffwechselkranke.

15 Plätze. 1 Verpflegklasse. Leiter: Dr. *Diez*. 2 Pfleger. 2 Pflegerinnen. Offene Anstalt. Saisonbetrieb.

Blaukreuzhof über Hamm (Westf.)

Heilstätte für Alkoholgefährdete. Ebst. Welver i. W. Poststelle Eilmsen 2 über Hamm.

Zahl der Kranken am 1. 1. 37: 29 m., 4 w., Zugänge im Jahre 1936: 55 m., 8 w., Abgänge: 46 m., 6 w. 40—45 Plätze. Anstaltsleiter: Goebel; Anstaltsarzt: Dr. med. *Mertens* in Welver i. W., nebenamtlich. Offene Anstalt. Bekenntnis neutral.

Bodnegg, Kreis Ravensburg

St. Gertrud, Rosenharz. Postamt Bodnegg bei Ravensburg.

46 ha. Zahl der Kranken am 1. 1. 1936: 125 m., 105 w., Zugänge: 28 m., 17 w., Abgänge: 26 m., 23 w. 230 Plätze. 1 Verpflegklasse. Anstaltsvorstand: Direktor: J. Wilhelm; Anstaltsarzt: Dr. med. *Benken.* 1 Pfleger, 40 Pflegerinnen. Geschlossene Anstalt mit offener Abteilung.

Bonn, Rheinprovinz

1. Psychiatrische und Nervenklinik der **Universität** in Bonn, Kaiser-Karl-Ring 20.

Zahl der Kranken am 1. 1. 37: 13 m., 7 w., im Vorjahre Zahl der Zugänge 818 m., 373 w., der Abgänge 805 m., 379 w., darunter Todesfälle 5 m., 6 w. 55 Plätze. 3 Verpflegungsklassen. Ärzte: Direktor Professor Dr. *Pohlisch*; Oberarzt Dr. *Laubenthal*, planm. Assistenzarzt Dr. *Mäurer*, außerplanmäßige Assistenzärzte Dr. *Geller* und Dr. *Simmendinger*, 3 Volontärärzte, 1 Mediz. Prakt. 1 Oberpfleger, 2 Pfleger, 1 Oberpflegerin, 2 Pflegerinnen.

Gegründet 1908. Poliklinik für psychisch und Nervenkranke, jährlich ca. 1100 neue Zugänge. Röntgenabteilung (Leiter Prof. Dr. *Janker* chirurg. Klinik). Engste Zusammenarbeit mit dem Rhein. Provinzialinstitut für neurologisch-psychiatrische Erbforschung. Die durch die Personalunion mit der Provinzial-Heil- und Pflegeanstalt und der Provinzial-Kinderanstalt für seelisch Abnorme vereinte Klinik hat gesonderte Verwaltung und ist Staatsinstitut.

2. Rheinisches **Provinzial**-Institut für psychiatrisch-neurologische Erbforschung, baulich mit der Prov.-Heil- und Pflegeanstalt verbunden.

Das Institut wurde begründet 1935 vom Landeshauptmann der Rheinprovinz zur Förderung der psychiatrisch-neurologischen Erbforschung. Außerdem Sitz des Landesobmannes für die erbbiologische Bestandsaufnahme der Rheinprovinz. — Zentralkartei über die Geisteskranken des Rheinlandes und deren Angehörige, die z. Zt. etwa 500 000 Personen und 22 000 Sippen umfaßt. Archiv von etwa 100 000 Krankheitsgeschichten verschiedener Anstalten des Rheinlandes. Direktor: Prof. Dr. *Pohlisch*, leitender Arzt: Dr. med. habil. *Panse*, Assistenzarzt: Dr. *Troeger*, Volontärarzt: *Feige*. 9 Angestellte.

3. **Provinzial**-Heil- u. Pflegeanstalt in Bonn, Kölnstr. 208.

8 ha Eigenland, 25 ha Pachtland. Zahl der Kranken im Januar 1937:

550 m., 550 w., Zugänge im Vorjahr 471 m., 519 w., Abgänge 464 m., 515 w., darunter Todesfälle 81 m., 55 w. 1080 Plätze. 2 Verpflegungsklassen. Ärzte: Direktor Prof. Dr. *Pohlisch*, stellvertr. Direktor Dr. *Geller*, Oberärzte: Dr. *Werner*, Dr. *Linzbach*, Anstaltsarzt: Dr. *Wittmann*, Assistenzärzte: Dr. *Schmidt*, Dr. *Elsässer*, Dr. *Gierlich*, Dr. *Schubert*, Dr. *Schall*, Volontärarzt: Dr. *Heffels*, Außenfürsorge: leitender Arzt Oberarzt Dr. *Dietrich*, Volontärarzt: Dr. *Vieweger*. Heimpflege: 85 Kranke in Much, Dattenfeld, Sieglar und Niederkassel. Geschlossene Anstalt mit offenen Abteilungen. Eröffnet 1882.

4. Rheinische **Provinzial**-Kinderanstalt f. seelisch Abnorme in **Bonn**, Kölnstr. 205.

Zahl der Kranken am 1. 1. 37: 52 m., 35 w., Zahl der Zugänge im Vorjahr 316 m., 183 w., der Abgänge 299 m., 175 w., darunter Todesfälle 3 m. — w. 80 Plätze, außerdem je 20 Plätze in zwei Heimen für Knaben im Schulalter und Vorschulalter. 2 Verpflegklassen. In der Anstal selbst und in einem Heim ist Schule. Die Anstalt ist ebenso wie die Universitäts-Nervenklinik und die Prov.-Heil- und Pflegeanstalt Bonn Prof. Dr. *Pohlisch* als Direktor unterstellt. Ärzte: Dr. med. *H. A. Schmitz*, leitender Arzt. Assistenzärzte bzw. Volontärassistenten: Fräulein *Else Krämer*, *Herbert Pfau*, *Franz Faust*, Dr. med. *Hermann Schulte*. Medizinal-Praktikant: *Max Kirsten*. 15 Ordensschwestern, 1 Schreibhilfe für die Erbbiolog. Bestandaufnahme. Die Anstalt ist in erster Linie die klinisch arbeitende jugend-psychiatrische Beobachtungsstätte für alle hilfsbedürftigen Kinder und Jugendliche des Rheinlandes. Nach Feststellung der Diagnose und nach Erhebung der erbbiologischen Verhältnisse in der Sippe werden die Begutachteten den geeigneten fremden und eigenen Heimen oder Familien zugewiesen. Ferner werden in der Anstalt neurologische und psychiatrische Regelwidrigkeiten bei Kindern und Jugendlichen stationär und ambulant für Behörden und Private begutachtet und behandelt.

5. **St. Paulus** Kuranstalt der **Alexianerbrüder** für männliche Nerven- und Gemütskranke in **Bonn**, Sebastianstr. 201.

Zahl der Kranken am 1. 1. 1936: 106 m., Zugänge im Jahre 1936: 111 m., Abgänge: 109 m., darunter Todesfälle: 12 m. 125 Plätze. 3 Verpflegklassen. Chefarzt Dr. med. et phil. *O. L. Weiß*. 28 Pflegepersonal. Geschlossene Anstalt mit offener Abteilung.

6. Sanatorium **Dr. A. Peipers** für Nerven- und Gemütskranke in **Bonn** a. Rh., Bonner Thalweg 57/63.

Zahl der Kranken am 1. 1. 37: 6 m., 6 w., Zugänge 1936: 4 m., 10 w., Abgänge: 5 m., 11 w., darunter Todesfälle: 1 m., 1 w. 20 Plätze. 2 Verpflegklassen. Besitzer und leitender Arzt: San.-Rat Dr. *A. Peipers*. 1 Pfleger, 2 Pflegerinnen, 1 Schwester, 1 Hausdame. Geschlossene Anstalt mit offener Abteilung. Entziehungskuren.

7. **Dr. Hertz'sche** Privatklinik für Nerven- und Gemütskranke in **Bonn,** Kreuzbergstr. 4. Ebst. Bonn.

15 Morgen. Zahl der Kranken am 1. 1. 1937: 15 m., 66 w., Zugänge im Vorjahr: 56 m., 120 w., Abgänge: 55 m., 111 w., darunter Todesfälle: 3 m., 11 w. 100 Anstaltsplätze. 2 Verpflegklassen. Ärzte: San.-Rat Dr. *A. Wilhelmy*, leitender Arzt; Dr. phil. et med. *H. Jancke*, Oberarzt; Dr. med. *Marga Strickstrock*, Assistenzärztin; Dr. med. *Erwin Bücken*, Volontär-Assistent. 7 Pfleger, 42 Pflegerinnen. Geschlossene und offene Abteilungen.

Borsdorf (Bz. Leipzig)

Borsdorfer Anstalten des Leipziger Vereins für Innere Mission **„Villa Elisabeth"**, Heilstätte für Trinkerinnen, Morphiumsüchtige usw. **Ebst. Borsdorf.**

15 Plätze. Direktor Pastor Wiemer; Anstaltsarzt Dr. *Schmidt*.

Bottrop (Westf.)

Nervenabteilung am **Knappschafts-Krankenhaus.** Ebst. Bottrop.

Offene Anstalt mit ca. 120 Plätzen für nervenkranke Männer, Frauen und Kinder. Ärzte: leitender Arzt Dr. med. *Hans Reetz*; Assistenzärzte: Dr. med. *Werner Zils*, Dr. med. *Wilhelm Uthoff*, Dr. med. *Hans Peiß*. Die Anstalt ist aus dem Knappschaftskrankenhaus: Lührmannstiftung in Essen hervorgegangen.

Branitz (Obschl. Kreis Leobschütz)

Heil- und Pflegeanstalt **St. Marienstift** Branitz. Postamt Branitz über Leobschütz.

Geschlossene Anstalt für Geisteskranke aller Konfessionen (milde Stiftung). Es können auch freiwillige Patienten zur Entziehungskur in die geschlossene Anstalt aufgenommen werden. Krankenbestand am 1. 1. 1937: 718 Männer, 794 Frauen. Ärzte: Chefarzt Dr. *Oskar Anders;* sein Vertreter I. Oberarzt Dr. *Martin Lazarus*. II. Oberarzt Dr. *Franz Wosnik*. Abteilungsärzte Dr. *Richard Klose*, Dr. *Josef Urbach*, Dr. *Josef Langer*, Dr. *Günther Ertel*, Dr. *Hans Stosch*. 108 Ordensschwestern (Marienschwestern), 88 Pfleger, 43 Hilfspflegerinnen.

Braunschweig

Städt. Krankenhaus (Holwedestr. 16).

Die Abteilung für Geisteskranke ist der Inneren Klinik eingegliedert und hat 11 Plätze für Männer, 11 Plätze für Frauen. 1 Pflegeklasse. Leitender Arzt der Inneren Klinik: Prof. Dr. *H. Rautmann*. Geschlossene Abteilung. Eröffnet 1910.

Brauweiler, Landkreis Köln (Rheinprovinz)

Heim für entmündigte Trinker, im Anschluß an die Provinzialarbeitsanstalt.

Breitbrunn am Ammersee (Oberbayern)

Heim für körperlich und geistig gebrechliche Töchter. Ebst. Seefeld-Heckendorf.

Zahl der Verpflegten am 1. 1. 1937: 22 w., Zahl der Zugänge im Vorjahr: —, Abgänge: 3 w. 43 Plätze. 2 Verpflegklassen. Hausarzt: Dr. *Sauer* in Inning am Ammersee. 5 Ordensschwestern. Geschlossene Anstalt nach dem Sinne des Gesetzes zur Verhütung erbkranken Nachwuchses. Untersteht der Leitung der St. Josephskongregation in Ursberg.

Breklum (Reg.-Bez. Schleswig)

Sanatorium für Innere-, Nervenkranke und Erholungsbedürftige. Ebst. Bredstedt.

1 ha. Zahl der Kranken am 1. 1. 1937: 18 m., 64 w. 26 Plätze. 1 Verpflegklasse. Arzt: Dr. *P. Mahler.* Offene Anstalt.

Bremen

1. **Staatliche Bremische** Heil- und Pflegeanstalt. Ebst.: Sebaldsbrück (Bremen-Hannover) oder Oberneuland (Bremen-Hamburg) oder Bremen.

72 ha. Zahl der Kranken am 1. 1. 1937: 437 m., 402 w., im Vorjahr Zahl der Zugänge: 376 m., 392 w., der Abgänge: 364 m., 379 w., darunter Todesfälle: 51 m., 65 w. 870 Plätze. 3 Verpflegklassen. Ärzte: Direktor Dr. med. *Theodor Steinmeyer*; Anstaltsärzte: Dr. *Fritz Kraus*, Dr. *Rudolf Hildemeister*; Assist.-Ärzte: Dr. *Theodor Reuschel*, Dr. *Ilse Lamprecht*, Dr. *Erich Schulz.* 71 Schwestern, 85 Pfleger. Erbaut 1900 bis 1904 als agrikulte Anstalt im Pavillonstil für 322 Kranke; 1907—1911 durch umfangreiche Neubauten und 1914 durch eine offene Villa erweitert. Seit Juli 1905 ist die ärztliche Aufsicht über die seit 1779 bestehende Familienpflege in der Umgebung *Ellens* auf die Anstalt übergegangen. Die Familienpflege umfaßt jetzt ca. 220 Kranke.

2. Privatklinik **Rockwinkel** bei **Bremen** für Nerven- und Gemütskranke. Ebst. Oberneuland.

22 Morgen. Zahl der Kranken am 1. 1. 1937: 14 m., 40 w. Im Vorjahre Zahl der Zugänge 85 m., 115 w., der Abgänge 85 m., 104 w. 66 Plätze. 1 Verpflegklasse. Ärzte: leitender Arzt und Besitzer Dr. *Walter Benning*; Oberarzt: Dr. *Paul Murdfield*, Assistenzarzt Dr. *L. Hages.* 18 Pflegepersonal, 22 Hausangestellte. Gegründet 1764 von Dr. *Engelken*, bis 1910 im Besitz dieser Familie, seitdem durch Neu- und Umbauten vergrößert und neuzeitlich eingerichtet. 3 offene Häuser, 1 geschlossenes Haus. 1 Kurmittelhaus.

3. **Haus Redderson,** Erziehungsheim für Geistesschwache in **Bremen** Horn, Luisental 5.

$5^1/_2$ Morgen. Zahl der Kranken am 1. 1. 1937: 66 m., 45 w. Leitung: Direktor *H. Geerken.* Anstaltsarzt Dr. med. *E. Peltzer*, Nervenarzt.

Breslau (Provinz Schlesien)

1. Psychiatrische und Nervenklinik der Schles. Friedrich-Wilhelm-**Universität** in **Breslau,** Auenstraße 44.

2,5 ha. Zahl der Kranken am 1.1.1937: 59 m., 44 w., im Vorjahr Zahl der Zugänge 1150 m., 610 w., der Abgänge 1134 m., 616 w., darunter Todesfälle 32 m., 19 w. 80 Plätze, 3 Verpflegungsklassen. Ärzte: Direktor Prof. Dr. *Johannes Lange*, Oberarzt Dr. med. habil. *Werner Wagner*, Assistenzärzte: Dr. med. habil. *Heinr. Kranz*, Dr. med. et phil. *Heinz Boeters*, Dr. med. *Heinz Sollmann*, Dr. med. *Reinhart Dittel* und approb. Arzt *Helmut Bormann.* Gegründet 1. VI. 1907. Geschlossene Anstalt mit neurologischer (offener) Abteilung.

2. Neurologische Station des **Wenzel-Hancke**-Krankenhauses in **Breslau,** Neudorfstr. 118.

Zahl der Kranken am 1. 1. 1936: ca. 70 m., 50 w. 130 Plätze. 1 Verpflegklasse. Ärzte: o. Professor Dr. *Ottfried Foerster*, Oberarzt Dr. *Stender*, Assist.-Ärzte Dr. *Leo*, Dr. *Neumann*, Dr. *Jenner.* 1 Pfleger, ca. 20 Pflegerinnen. Offene Anstalt. Beratungsstelle für Nervenkranke. Neurochirurgische Tätigkeit.

3. Heilstätte und Pflegehaus der **Stadt** Breslau für psychisch Kranke, Nervenkranke, Trunksüchtige und abnorme Kinder in **Herrenprotsch.** Ebst. Breslau-Herrenprotsch.

52,8 ha. Zahl der männlichen und weiblichen Kranken am 1. 1. 1936: 1090, der Zugänge m. und w. im Vorjahre 784, der Abgänge m. u. w. 724, darunter Todesfälle m. und w. 272. 1070 Anstaltsplätze. 2 Verpflegklassen. Direktor Alfred Tost. Ärzte: leitender Oberarzt Dr. med. *Kurt Anders*, erster Assistenzarzt Fräulein Ruth v. *Wietersheim*, zweiter Assistenzarzt Dr. *Wilhelm Pietruschka.* Pflegepersonal 9 m. und 43 w. Offene Anstalt mit geschlossenen Abteilungen. Außer den Pflegehäusern hat die Anstalt noch eine Heilstätte für Tuberkulöse. (Ob die Tuberkulösen in die obigen Zahlen mit eingerechnet sind, ist dem Herausgeber nicht bekannt.)

4. **Städtische** Heil- und Pflegeanstalt Nord; psychiatrische Abteilung, **Breslau** 10, Einbaumstr. 25.

Zahl der Kranken am 1. 1. 1937: psychiatrische Abteilung: 54 m., 61 w., Pflegeabteilung: 42 m., 90 w., zus. 247. Im Vorjahr Zahl der Zugänge: psychiatrische Abteilung: 666 m., 624 w., Pflegeabteilung: 157 m., 204 w., zus. 1651. Zahl der Abgänge: psychiatrische Abteilung: 652 m., 587 w.; Pflegeabteilung: 154 m., 197 w., zus. 1590. Darunter Todesfälle: psychiatrische Abteilung: 48 m., 70 w., Pflegeabteilung: 11 m., 52 w., zus. 181. 248 Plätze. 2 Verpflegklassen: psychiatrische Abteilung und Pflege-Abteilung. Ärzte: leitender Oberarzt Dr. Georg *Kasperek*, Assistenzärztinnen Dr. *Felicitas Lobe*, *Adelheid Leifer*, Assistenzärzte Dr. *Robert Deschka* und *Hans Kreisel*, Med.-praktikantin *Ursula Große*. 28 Pfleger, 31 Pflegerinnen.

5. Straf- und Jugendgefängnis **Breslau.** Lazarett-Abteilung zur Beobachtung auf Geisteskrankheit.

Zahl der Insassen am 1. 1. 1936: 14 Mann, Zugänge im Jahre 1936 70 m., Abgänge 71 m. 39 Plätze. Leitender Arzt Medizinalrat Dr. *Freisel*. 1 Hauptwachtmeister, 5 Oberwachtmeister. Geschlossene Anstalt. Gegründet 1889.

6. **Diakonissen**-Heilanstalt **Bethanien in Breslau,** Klosterstr. 112/120 (Nervenabteilung).

Es werden lediglich Kranke mit organischen Erkrankungen des Nervensystems und Neurosen behandelt. Geisteskranke und Epileptiker sind von der Aufnahme ausgeschlossen; Krampfkranke nur kurze Zeit zur klinischen Beobachtung und ev. Begutachtung. 1935 wurden 155 Nervenkranke mit durchschnittlich 28,2 Verpflegungstagen behandelt; davon entlassen: geheilt 35, gebessert 91, ungeheilt 2, gestorben sind 4. Chefarzt: Dr. *Kriebel*, Facharzt für Nervenkrankheiten: Dr. *Lange*.

Brieg (Reg.-Bez. Breslau, Provinz Schlesien)

Prov.-Heil- und Pflegeanstalt. Ebst. Brieg.

180 ha. Zahl der Kranken am 1. 1. 1936: 216 m., 263 w., Zugänge im Jahre 1936: 85 m., 91 w., Abgänge: 82 m., 90 w., darunter Todesfälle: 17 m., 17 w. 484 Plätze. 1 Verpflegklasse. Ärzte: Direktor Prov. Ob.-Med.-Rat Dr. *Kurt Konietzny*, Oberarzt: Dr. *Friedrich Kaiser*, stellvertr. Direktor (kommissar.) Prov. Med.-Rat *Georg Stehr*, Abteilungsarzt: Dr. *Wilhelm Oberreuter*. 40 Pfleger, 37 Pflegerinnen, einschl. Oberpfleger und Oberpflegerinnen. Gegründet 1751. Zunächst waren die Geisteskranken im Brieger Zuchthaus untergebracht, 1784 wurde ein Irrenhaus auf dem Hofe des Zuchthauses gebaut. 1818 wurde das Kapuzinerkloster mit Geisteskranken belegt. Nach verschiedenen Um- und Neubauten wurde 1882 im benachbarten Briegischhof eine landwirtschaftliche Kolonie eingerichtet. Geschlossene Anstalt mit offener Abteilung.

Bruchsal (Baden)

Psychiatrische Abteilung bei den Strafanstalten Bruchsal. Ebst. Bruchsal.

33 ar. Zahl der Kranken am 1. 1. 37: 42 m., im Vorjahre Zahl der Zugänge 57, der Abgänge 62, darunter Todesfälle 1. 50 Plätze. 1 Verpflegungsklasse. Leiter der Strafanstalten Direktor Oberregierungsrat Backfisch; Arzt: Med.-Rat Dr. *Walter Ernst*. 12 Aufseher. Gegründet 1903. Die Anstalt ist zur Aufnahme aller in den Oberlandesgerichtsbezirken Karlsruhe und Stuttgart geistig erkrankten männlichen Strafgefangenen bestimmt. Geschlossene Anstalt.

Bruckberg bei **Ansbach** (Ober-Mittelfranken)

Pflegeanstalt für Schwachsinnige. Ebst. Bruckberg (Wicklesgreuth).

Zahl der Kranken am 1. 1. 1936: 604 m., Zugänge im Jahre 1936: 104 m., Abgänge: 61 m., darunter Todesfälle: 21 m. 605 Plätze. 1 Verpflegklasse. Pfarrer und Direktor: Hilm. Ratz in Neuendettelsau. Arzt: Dr. *Friedrich Nörr* in Bruckberg. 54 Pfleger, 70 Pflegerinnen. Geschlossene Anstalt.

Buchenbach (Bez. Freiburg i. Br.)

Sanatorium Wiesneck für Nervenkranke. Ebst. Himmelreich i. Br.

10 ha. Zahl der Kranken am 1. 1. 1936: 11 m., 35 w., Zugänge im Jahre 1936: 31 m., 96 w., Abgänge 34 m., 95 w., darunter 1 w. Todesfall. 1 Verpflegklasse. Ärzte: Dr. med. *Husemann*, leitender Arzt, Dr. med. *K. Frobenius*, Ärztin: *A. Fähser*. 2 Pfleger, 8 Pflegerinnen. Offene Anstalt.

Buchenlust (über Gleiwitz, Oberschlesien)

Johannesheim, Trinkerheilstätte. Ebst. Gleiwitz O. S.

Zahl der Kranken am 1. 1. 1936: 25 m., Zugänge im Jahre 1936: 33 m., Abgänge 24 m. 48 Plätze. 3 Verpflegklassen. Rektor Kowalczyk; Heimleiter: Datz; Arzt: Dr. *Torka*, Gleiwitz. 3 Pfleger, 1 Pflegerin. Offene Anstalt. An die Anstalt ist ein Siechenheim angeschlossen. Beratungsstelle für Trinker. Beschäftigungstherapie mit Diät und alkoholgegnerischer Aufklärung.

Buchholz i. S. (Erzgeb.)

Schottenbergheim, Anstalt für Geisteskranke Ebst. Buchholz i. S. (Erzgeb.)

2 ha. Zahl der Kranken am 1. 1. 1936: 75 m., 88 w., Zugänge im Jahr 1936: 46 m., 47 w., Abgänge 39 m., 57 w., darunter Todesfälle 16 m., 35 w. 180 Plätze. 1 Verpflegklasse. Arzt (nebenamtlich). Pflegepersonal 3 m., 6 w. Geschlossene Anstalt.

Bühl, Bezirk Karlsruhe (Baden)

Kurhaus und Sanatorium **Bühlerhöhe** für innere und Nervenkranke. Ebst. Bühl und Baden-Baden.

1301 ar. Zahl der Kranken am 1. 1. 1937: 99, Zugänge im Vorjahr 1775, Abgänge 1757, darunter 2 Todesfälle. 2 Verpflegklassen. Chefarzt Dr. *Stroomann;* Dr. *Bauer*, Dr. *Illing*. Pflegepersonal: 8, techn. Personal: 4.

Bunzlau (Schlesien)

Provinzial-Heil- und Pflegeanstalt. Ebst. Bunzlau.

170 ha. Zahl der Kranken am 1. 1. 1937: 536 m., 662 w., im Vorjahre Zahl der Zugänge 230 m., 152 w., der Abgänge 265 m., 182 w., darunter Todesfälle 34 m., 44 w. 1359 Plätze, 1 Verpflegungsklasse. Ärzte: Direktor Prov. Obermedizinalrat Dr. *Carl Dodillet*; Oberärzte: Dr. *Otto Jaschke*, Dr. *Gottfried Petram*; Abteilungsärzte: Dr. *Josef Fabian*, Dr. *Helmut Finscher*, Dr. *Kurt Langer* (2 Arztstellen z. Zt. unbesetzt); 1 Medizinalpraktikantenstelle. 91 Pfleger, 85 Pflegerinnen. Gründungsjahr 1863. Psychiatrischer Außendienst. In Familienpflege 17 männl. Kranke, 40 weibl. Kranke. Beratungsstelle für Psychisch- und Nervenkranke. Geschlossene Anstalt mit offenen Abteilungen. Anstaltsgut: 143 ha einschl. 27,5 ha Wald. Die Anstalt besitzt eine besonders eingerichtete Abteilung für weibliche Typhusbazillenträger und eine Alkoholikerstation.

Burgkundstadt (Ofr.)

St. Josephs-Pflegeanstalt für Schwachsinnige, Epileptische und Altersgebrechliche. Ebst. Burkundstadt (Ofr.)

0,6 ha. Zahl der Kranken am 1. 1. 36: 258 w., Zugänge im Jahre 1936: 31 w., Abgänge: 19 w., darunter Todesfälle 8. Plätze 280. 2 Verpflegklassen. Leiterin: M. Michaela Hämmerle, Os.F. Arzt und Sanitätsrat Dr. *Bullinger*. 40 Pflegerinnen. Geschlossene Anstalt.

Burgwald siehe Eberstadt

Carlshöfer Anstalten bei Rastenburg (Ostpreußen)

Heil- und Pflegeanstalt der Inneren Mission für Epileptische und Schwachsinnige. Ebst. Carlshof.

Zahl der Kranken am 1. 1. 1936: 425 m., 443 w., Zahl der Zugänge im Jahre 1936: 60 m., 42 w., der Abgänge: 52 m., 44 w., darunter Todesfälle 28 m., 15 w. 900 Plätze. 2 Verpflegungsklassen. Anstaltsleiter: Pfarrer Heinrich Dembowski; leitender Arzt: *Ernst Büsching*, Oberarzt: Dr. *Fritz Breidenbach*, Anstaltsarzt: Dr. *Horst Twardy*. Pflegepersonal männl.: 51, davon 30 Diakone, 52 weibl. Diakonissen. (Es besteht ein Haus für tuberkulöse Schwachsinnige). Offene Anstalt mit geschlossenen Abteilungen. Gründungsjahr 1883. Außerdem Erziehungshaus „Der Eichhof" für schulentlassene Fürsorgezöglinge. 170 Plätze. Ferner Arbeiterheim Carlshof mit angeschlossener Siechenabteilung für Männer mit 140 Plätzen. Von den Carlshöfer Anstalten wird in Stenken, Kreis Labiau, eine Heilstätte für Alkoholkranke unterhalten.

Carlsruhe (Kreis Oppeln Prov. Schlesien)

Helenenstift, Privatanstalt f. Geistesschwache. Ebst. Carlsruhe (Schl.).

20 Plätze. Arzt: Dr. *Paul Sander*. 2 Schwestern. 1926 eröffnet.

Chemnitz (Sa.)

1. **Städtische** Nervenanstalt Chemnitz.

23 ha. Zahl der Kranken am 1. 1. 1937: 156 m., 175 w., im Vorjahre Zahl der Zugänge: 1189 m., 1091 w., der Abgänge: 1195 m., 1096 w., darunter Todesfälle: 75 m., 87 w. 450 Plätze. 3 Verpflegklassen. Ärzte: Direktor städt. Ober-Med.-Rat Prof. Dr. *Runge*, Oberarzt: Städt. Med.-Rat Dr. *Grage*, Ass.-Ärzte: Dr. *Otto*, Dr. *Beyer*, Dr. *Häntzschel*, Dr. *Reinitz*, Dr. *Mey*, Dr. *Seifert*, Dr. *Oppe*, Med. Prakt.: Dr. *Schrems*. Pflegepersonal: 148. Gegründet 1905. Geschlossene Anstalt mit offener Abteilung (besonderem Kurhaus für Nervenkranke), Kinderabteilung mit Schule; Beratungsstelle für psychisch Abnorme und Nervenkranke.

2. **Landeserziehungsanstalt** für Schwachsinnige, Pflegeanstalt für geisteskranke Kinder und Jugendliche sowie Landesblindenanstalt in **Chemnitz-Altendorf.** Ebst. Chemnitz, Hauptbahnhof.

69 ha. Zahl der Kranken am 1. 1. 1937: 412 m., 234 w., Zugänge im Vorjahr: 101 m., 52 w., Abgänge: 94 m., 64 w., darunter Todesfälle: 9 m., 5 w. 878 Plätze. 1 Verpflegklasse. Ärzte: Chefarzt und Oberreg. Med.-Rat Dr. *Walter Kürbitz*, Assistenzärzte Dr. *Kubitz*, Dr. *J. Schnieder*, Frl. Dr. *Berlit* und Frl. Dr. *Seidel*. Pflegepersonal: 130. Geschlossene Anstalt mit offener Kolonieabteilung. Beratungsstelle für Nervenkranke. Der Landesanstalt ist die Landesblindenanstalt angegliedert.

Cloppenburg (Oldenburg)

St. Vincenzhaus, Bildungsanstalt für Schwachsinnige (kath. Stiftung). Staatl. anerkannte Hilfsschule. Ebst. Cloppenburg.

2 ha. 150 Plätze. 1 Verpflegklasse. Hausarzt Dr. *Georg Bitter*. Lehr- und Haushaltungsschwestern. Eröffnet 1887.

Cochem (Mosel)-Sehl, Ebernach (Rheinprovinz)

1. Heil- und Pflegeanstalt der **Franziskanerbrüder Sehl-Ebernach.**

Ist gegenwärtig mit 68 Geisteskranken und Schwachsinnigen belegt. Leiter: Dr. *Viktor Scheiermann*. Leitender Arzt: Med.-Rat Dr. *Wetting*. Geschlossene Anstalt.

2. Heil- und Pflegeanstalt und Bildungsanstalt siehe Ebernach.

Colditz (Sachsen)

z. Z. nicht belegt.

Cottbus

Nervenabteilung des **Städtischen Krankenhauses Cottbus.** Ebst. Cottbus.

Zahl der Kranken am 1. 1. 1936: geschlossene Abteilg. 3 m., 2 w., offene Abteilg. 4 m., 8 w. Zahl der Zugänge im Jahre 1936: geschlossene Abteilg. 55 m., 75 w., offene Abteilung: 80 m., 91 w., Zahl der Abgänge: geschlossene Abteilg. 57 m., 76 w., offene Abteilung 81 m., 94 w., darunter Todesfälle: geschlossene Abteilung 4 m., 6 w., offene Abteilung 1 m., — w. Plätze: in der geschlossenen Abteilung 11, in der offenen Abteilung 20—30. (Die leicht nervösen und psychisch Kranken sind in dem, im Ganzen 600 Plätze umfassenden Cottbuser Krankenhaus grundsätzlich nicht für sich gesondert, sondern mit den körperlich inneren Kranken zusammen untergebracht, was sich nach ärztlicher Mitteilung bewährt hat.) 3 Verpflegungsklassen. Chefarzt der Inneren- und Nerven-Abteilung: Dr. *Kühne*. Offene Anstalt mit geschlossener Abteilung.

Danzig

Heilstätte **Ferberhaus** „Gute Herberge".

13 Morgen. Zahl der Kranken am 1. 1. 1936 42 m., Zugänge im Jahre 1936 34 m., Abgänge 27 m., darunter 1 Todesfall. 60 Plätze. 1 Verpflegklasse. Leitender Arzt der Heilstätte Dr. *Waldemar Schimanski*, Oberarzt der Psychiatrischen Klinik der staatl. Akademie. 9 Pfleger. Geschlossene Anstalt. Es finden nur männliche und zwar nur leichtere Kranke Aufnahme; Epileptiker ausgeschlossen.

Darmstadt

Psychiatrische Abteilung der **städtischen** Krankenanstalt.

Krankenhausdirektor Stadt-Obermed.-Rat Dr. *Paul Schlippe*; Nervenarzt Obermed.-Rat Dr. *Wilhelm Vix*. Pavillon mit 24 Betten zur vorübergehenden Unterbringung und Beobachtung von Geisteskranken.

Darmstadt-Eberstadt (Prov. Starkenburg, Hessen)

Pflegeanstalt.

Zahl der Kranken am 1. 1. 1937: 241 m., 262 w., im Vorjahre Zahl der Zugänge 84 m., 76 w., der Abgänge 73 m., 45 w., darunter Todesfälle 31 m., 24 w. 515 Plätze. 1 Verpflegklasse. Direktor Med.-Rat Dr. *Wilh. Bausch*; 1 Hilfsarzt vorgesehen. 9 Pfleger, 22 Schwestern und Pflegerinnen. Gegründet 1903. Die Anstalt ist in erster Linie für körperlich Pflegebedürftige bestimmt, es finden aber auch psychisch Defekte Aufnahme, insofern diese der besonderen Einrichtungen der Irrenanstalt nicht bedürfen. Offene Anstalt.

Deggendorf (Reg.-Bez. Niederbayern-Oberpfalz)

Städtische Pflegeanstalt Elisabethen-Heim für weibliche Geistesschwache. Ebst. Deggendorf.

1,4 ha ausschließlich Anstalt, Gärten und Ökonomie. Zahl der Kranken am 1. 1. 1937: 206 w., Zugänge im Vorjahr 37 w., Abgänge 31 w., darunter 7 w. Todesfälle. 210 Anstaltsplätze. 1 Verpflegklasse. Leiter der Bürgermeister der Stadt Deggendorf, Arzt: Landgerichtsarzt Bezirksarzt Dr. *Schottenloher*. 15 klösterliche Krankenpflegeschwestern, außerdem Dienstpersonal. Geschlossene Anstalt.

Delmenhorst (Oldenburg)

Landwirtschaftliche Lehr- u. Heimstätte **Albertushof** bei **Delmenhorst** für Nervenkranke, leicht Schwachsinnige und körperliche Behinderte. Ebst. Delmenhorst.

45 ha. Zahl der Kranken am 1. 1. 1936: 16 m., 5 w., Zugänge im Jahre 1936: 2 m., Abgänge: 1 m. 28 Plätze. 1 Verpflegklasse. Leiter: H. Schunk, Diakon u. Wohlfahrtspfleger. 2 Pfleger, 4 Pflegerinnen. Offene Anstalt. Beratungsstelle für psychisch Kranke und abnorme Kinder. Ausbildung in der Landwirtschaft; Betreuung für kurze Zeit oder auf Dauer im Familienheim. Die Anstalt ist Privatanstalt, trägt aber charitativen Charakter.

Deybach b. Lautrach (Reg.-Bz. Schwaben)

Erziehungs- und Pflegeanstalt für weibl. Geistesschwache, Epileptiker und Kretinen. Postamt Deybach bei Lautrach.

Zahl der Kranken am 1. 1. 1937: 368 w., Zahl der Zugänge im Vorjahr: 31 w., Abgänge: 26 w., darunter Todesfälle: 11 w. 380 Plätze. 2 Verpflegklassen. Direktor: Josef Höringer; Arzt: Dr. *Gustav Ziegler*. 50 Pflegepersonal. Geschlossene Anstalt.

Domjüch bei **Neustrelitz** (Strelitz)

Mecklenburgische Heil- und Pflegeanstalt. Ebst. Strelitz (Alt.).

57 ha. Zahl der Kranken am 1. 1. 1937: 104 m., 105 w., Zahl der Zugänge im Jahre 1936: 143 m., 84 w., der Abgänge: 131 m., 84 w., darunter Todesfälle: 20 m., 17 w. 250 Plätze. 3 Verpflegklassen. Ärzte: Direktor: Obermedizinalrat Dr. *Schmidt*, Oberarzt: Medizinalrat Dr. *Hecker*. 21 Pfleger, 24 Pflegerinnen. Geschlossene Anstalt mit offener Abteilung.

Dortmund (Westfalen)

Provinzialheil- u. Pflegeanstalt **Aplerbeck**. Ebst. Dortmund und Aplerbeck.

72 ha. Zahl der Kranken am 1. 1. 1937: 456 m., 566 w., Zugänge im Vorjahr: 204 m., 242 w., Abgänge: 170 m., 173 w., darunter Todesfälle: 35 m., 44 w. 1027 Plätze. 2 Verpflegklassen. Ärzte: Prov. Obermedizinalrat Dr. *Paul Pohlmann*, Direktor; Prov. Med.Rat Dr. *Wilhelm Holzer*, Oberarzt Dr. *Karl Paasche*, Oberarzt Dr. *Karl Goos*, Oberarzt Dr. *Werner Sengenhoff*, Assistenzarzt Dr. *Theodor Niebel*. Pflegepersonal: 76 m., 85 w. Geschlossene Anstalt mit offenen Abteilungen. (Der Ort Aplerbeck wurde nach Dortmund eingemeindet.) Eröffnungsjahr 1895.

Dresden

1. **Stadtkrankenhaus Dresden-Löbtauerstr.** Psychiatrische u. Nervenklinik (Heil- u. Pflegestation) und Klinik für chronisch-körperlich u. Nervenkranke mit Heimabteilung.

5 ha. Zahl der Kranken am 1. 1. 1937: 278 m., 488 w., Zugänge im Vorjahr: 1857 m., 2085 w., Abgänge: 1857 m., 2071 w., darunter Todesfälle: 437 m., 627 w. 1070 Plätze. 4 Verpflegklassen. Beamtete Ärzte: Chefarzt Prof. Dr. *Hans Krisch*, städt. Ober-Medizinalrat, leitender Arzt d. Psychiatr. und Nervenklinik, Prof. Dr. *Franz Schob*, städt. Ober-Med.Rat, leitender Arzt der Klinik für chronisch körperlich u. Nervenkranke, Oberarzt Dr. *Duncan Campbell*, städt. Med. Rat, Oberarzt Dr. *Friedrich Kaiser*, städt. Med.Rat, Oberarzt Dr. *Ossian Oehmig*, städt. Med. Rat, 8 planm. Assistenzärzte, 1 Hilfsarzt, 2 Praktikanten. 58 m., 145 w. Pflegepersonal. Geschlossene psychiatrische und offene neurologische Abteilungen. Die Klinik kommt nicht für Verwahrung, sondern nur für Heilbehandlung in Frage.

2. Privatnervenklinik Dr. **Stoltenhoff** für Nerven- u. Gemütskranke in **Dresden** A. 20, Josefstr. 12. Ebst. Dresden, Hauptbahnhof.

Zahl der Kranken am 1. 1. 1937: 4 m., 23 w., Zugänge im Vorjahr: 58 m., 140 w., Abgänge: 59 m., 135 w., darunter Todesfälle: 3 m., 13 w. 35 Plätze. 2 Verpflegklassen. Ärzte: Dr. med. *H. Stoltenhoff*, leitender Arzt, Dr. med. *Mathilde Stoltenhoff*, Hausärztin, Dr. med. *Elisabeth Buchholz*, Assistenzärztin. 8 Krankenschwestern. Geschlossene Abteilung mit 15, offene Abteilung mit 20 Plätzen.

3. Dr. **Stadelmanns** Privat-Klinik für Nervenkranke und nervenkranke Kinder in **Dresden,** Nürnberger Str. 55.

5 Plätze. 1 Verpflegklasse. Arzt: Dr. med. *Heinrich Stadelmann*, Nervenarzt. 1 Schwester. Gegründet 1900; 1905 von Würzburg nach Dresden verlegt. Offene Anstalt.

4. Sanatorium **San.-Rat** Dr. **H. Teuscher** für Nervenkranke in **Dresden-Weißer Hirsch.** Ebst. Dresden-N.

17200 qm. Zahl der Kranken am 1. 1. 1936: 4 m., 5 w., Zahl der Zugänge im Jahre 1936: 104 m., 127 w., der Abgänge: 103 m., 131 w. 1 Verpflegklasse. Besitzer u. Direktor San.-Rat Dr. *H. Teuscher*. 1 Pfleger, 2—4 Pflegerinnen. Offene Anstalt, in der psychische Störungen nur insofern Aufnahme finden, als sie sich und anderen nicht gefährlich sind.

5. **Schröters** Heilpädagogisches Institut in **Dresden,** Weinbergstr. 38.

5000 qm. Zahl der Zöglinge am 1. 1. 1937: 10 m., 5 w. 18 Plätze. 1 Verpflegklasse. Otto Trillitzsch, Privatschuldirektor. Offene Anstalt. 1873 in Dresden durch Schröter gegründet. 1910 Übernahme durch Direktor Trillitzsch, 1922 nach Moritzburg verlegt, 1931 nach Dresden zurück.

Drolshagen (Westfalen)

St. Gerhardushospital des Ordens der armen Franziskanerinnen in **Olpe** für Epileptische, Schwachsinnige und Geisteskranke. Ebst. Drolshagen.

Zahl der Kranken am 1. 1. 1937: 125 w. 1 Verpflegklasse. Leitender Arzt: Dr. med. *Worken*. 15 Schwestern. Geschlossene Anstalt mit halboffener Abteilung.

Düren (Rheinland)

Rheinische **Provinzial**-Heil- und Pflegeanstalt. Ebst. Düren, Rhld.

31 ha, außerdem ein Anstaltsgut v. 140 ha. Gegründet 1878. Zahl der Kranken am 1. 1. 1937: 949 m., 588 w., darunter in Heimpflege: 67 m., 62 w. Zugänge im Vorjahr: 565 m., 175 w. (in diesem Jahr besonders viel Verlegungen aus anderen Anstalten; sonst zirka 200 m., 175 w.). Abgänge im Vorjahr: 199 m., 200 w., darunter verstorben: 57 m., 58 w. Außerdem sind im Jahre 1936 erhöhte Zugänge dadurch entstanden, daß die Anstalt Düren für nach § 42b und c. Einzuweisende fast aus allen Amtsgerichtsbezirken der Rheinprovinz zuständig ist; z. Z. sind 120 derartige Fälle in der Anstalt, die eine sogenannte „gesicherte Abteilung" (Bewahrungshaus) für solche Patienten besitzt. Die bisher ebenso eingewiesenen 5 Frauen sind auf den Abteilungen der Frauenseite untergebracht. Zahl der Plätze für männliche Kranke: 1100, für weibl. 650. Ärzte: Direktor Dr. *Martin Steinbrecher*; Oberärzte: Dr. *Heinrich Schäfgen*, Dr. *Paul Drews*, Dr. *Karl Capell*; Anstaltsarzt Dr. *Heinrich Stillger*, außerdem 3 Volontärärzte, 107 Pfleger, 74 Pflegerinnen. 2 Verpflegungsklassen. Psychiatrischer Außendienst und erbbiologische Bestandsaufnahme im Aufnahmebezirk, der sich mit dem Reg. Bez. Aachen in der Hauptsache deckt.

Düsseldorf-Grafenberg (Rheinprovinz)

Rheinische **Provinzial**-Heil- und Pflegeanstalt. Ebst. Düsseldorf und Haltestelle der städtischen Straßenbahnen „Auf der Hardt".

53 ha. Zahl der Kranken am 1. 1. 1937: 555 m., 474 w. Im Vorjahre Zahl der Zugänge 937 m., 701 w., der Abgänge 951 m., 675 w., darunter Todesfälle 12 m., 81 w. 1115 Plätze, 2 Verpflegklassen. Ärzte: Direktor: Professor Dr. *Franz Sioli*, Direktor der psychiatrischen Klinik der Med. Akademie Düsseldorf; Oberärzte: Dr. *Eduard Weinbrenner*, Dr. *Heinrich Mappes*, Dr. *Karl Bastin*, Dr. *Alois Havestadt*, Dr. *Hermann Wegener*; Dr. *Paul Eichler*, Anstaltsärzte: Dr. *Josef Seidl*; Assistenzarzt der psychiatrischen Klinik der Med. Akademie Düsseldorf: Dr. *Albert Kentenich*; Assistenzarzt: Dr. *Max Rohde*; Volontärärzte: Dr. *Arno Schmitz*, Dr. *Rudi Holzer*, Dr. *Rudi Hausmann*, Dr. *Elisabeth Pohlmann*, Dr. *Anni Frerk*.

In Verbindung mit der erbbiologischen Bestandsaufnahme Beratungsstelle für psychisch und Nervenkranke bei den Wohlfahrtsämtern im Aufnahmebezirk. Geschlossene Anstalt mit offenen Abteilungen. Die Anstalt ist vertraglich der Stadt Düsseldorf für die Medizinische Akademie als psychiatrische Klinik, ferner als Stadtasyl zur vorläufigen Unterbringung für Geisteskranke zur Verfügung gestellt.

Düsseldorf-Kaiserswerth (Rheinprovinz)

Heilanstalt **„Johannisberg"** für weibliche Nerven- und Gemütskranke. Ebst. Düsseldorf Hauptbahnhof oder Duisburg Hauptbahnhof.

25 Morgen. Zahl der Kranken am 1. 1. 1937: 70 w., Zugänge im Vorjahr: 152 w., Abgänge: 170 w., darunter Todesfälle: 10 w. 100 Plätze. 3 Verpflegklassen. Leitender Arzt: Dr. *Aart Schaefer.* 34 Schwestern. Geschlossene Anstalt mit offener Abteilung. Gegründet 1852 durch den Schöpfer des gesamten Diakonissenwerkes, Pastor Theodor Fliedner.

Düsseldorf-Unterrath

St. Josefs-Heil- und Pflegeanstalt für weibliche Epileptiker, Schwachsinnige und dergl. Ebst. Düsseldorf-Unterrath.

Zahl der Kranken am 1. 1. 1937: 330 w., Zugänge im Vorjahr: 33 w., Abgänge 36 w., darunter Todesfälle: 20 w. 330 Plätze. Leitende Ärztin: Dr. *Deiters*; Vertreter: Dr. *Bamert*, prakt. Arzt in Unterrath. Pflegepersonal: 28 Ordensschwestern, 12 Pflegerinnen. Geschlossene Anstalt mit halboffener und offener Abteilung. Familien- bzw. Heimpflege.

Ebernach b. **Cochem**-Mosel

Heil- und Pflegeanstalt für Geisteskranke und Bildungsanstalt für geistig zurückgebliebene und epileptische Knaben und Mädchen. Ebst. Cochem a. d. Mosel.

47 ha. Zahl der Kranken am 1. 1. 1937: 70 w., Zugänge im Vorjahr: 60 m., Abgänge: 400 m., darunter Todesfälle: 6 m. 410 Plätze. 2 Verpflegklassen. Leiter: Br. Viktor Scheiermann, dirig. Arzt: Med.Rat Dr. *Welling*, Kreisarzt. Pflegepersonal: 54. Geschlossene Anstalt mit einer offenen Abteilung.

Eberstadt bei Darmstadt (Hessen)

Heilstätte **Burgwald** für männliche Alkoholkranke. Ebst. Eberstadt an der Bergstr.

25 Morgen. Zahl der Kranken am 1. 1. 1936: 30 m., Zugänge im Jahre 1936: 52 m., Abgänge 53 m. 30 Plätze. 1 Verpflegklasse. Inspektor-Leiter: F. Ziesche; leitender Arzt Dr. med. *Georgi* in Niederramstedt. 2 Pfleger, 3 Pflegerinnen. Offene Anstalt. Bekenntnis neutral, vorwiegend evangelisch. Beratungsstelle für psychisch Kranke, Nervenkranke u. Trunksüchtige. Psychotherapeutische Behandlung; Unterrichtsbelehrung u. Arbeitstherapie; Hauszeitung für ehemalige Pfleglinge.

Eberswalde bei **Berlin** (Provinz Brandenburg)

Brandenburgische **Landesanstalt** für Geisteskranke. **Ebst.** Eberswalde.

125 ha. Zahl der Kranken am 1. 1. 1937: 697 m., 711 w., im Vorjahre Zahl der Zugänge 251 m., 248 w., Abgänge: 242 m., 256 w., darunter Todesfälle 66 m., 66 w. 1350 Plätze. 3 Verpflegklassen. Ärzte: Dr. *Friedrich Baumann*, Direktor und Landesmedizinalrat für die Provinzial-Verwaltung Brandenburg; Oberärzte: Dr. *Max Gillwald*, Dr. *Felix Großmann*, Dr. *Egon Greifelt*, Dr. *Otto Hebold*; Dr. *Gustav Donalies*; Assistenzarzt Frl. *Ruth Sniehotta*; Dr. *Joachim Schwalbe*; 1 Med.Prakt., 1 Med. Praktikantin. 144 Pfleger, 137 Pflegerinnen. Gegründet 1865. Psychiatrischer Außendienst. In Familienpflege 80 Kranke. Geschlossene Anstalt mit offenen Abteilungen.

Eckardsheim b. Bielefeld

Heilstätte Thekoa für Alkoholkranke. Ebst. Kracks, Bezirk Minden i. W.

Besitzer: Die v. Bodelschwingh'schen Anstalten in Bethel b. Bielefeld. Bekenntnisevang. Leitung: Pastor Dietrich. Arzt: Oberarzt Dr. *Hebel.* 45 Plätze. Offene Anstalt. Blaukreuz. 1935 vollst. umgebaut.

Ecksberg mit Filialen **Backham** u. **Berg**

Kretinenanstalt. Ebst. Ecksberg, Backham, Berg.

597 Tagewerk. Zahl der Kranken am 1. 1. 1936: 165 m., 176 w., Zugänge im Jahre 1937: 10 m., 9 w., Abgänge: 6 m., 5 w., darunter Todesfälle: 4 m., 5 w. 356 Plätze. 1 Verpflegklasse. Direktor: Geh. Rat Georg Lunghamer in Ecksberg, Arzt: Dr. *Max Eder*, Bezirksarzt u. Anstaltsarzt in Mühldorf. 28 Pflegerinnen. Geschlossene Anstalt.

Eglfing-Haar bei **München**

Oberbayr. **Kreis-** Heil- u. Pflegeanstalt **Eglfing-Haar** bei München. Ebst. Haar (München-Rosenheim).

Anstaltsgelände 97 ha, landwirtschaftlicher Besitz 365 ha. Zahl der Kranken am 1. 1. 1937: 1277 m., 1403 w., Zahl der Zugänge 1936: 323 m., 465 w., Zahl der Abgänge 1936: 306 m., 466 w., darunter Todesfälle 56 m., 106 w. Etwa 2782 Plätze. 2 Verpflegsklassen. Ärzte: Direktor Obermed. Rat Dr. *Friedrich Ast*, stellvertr. Direktor: Dr. *Moritz Schnidtmann*; Med. Räte I. Kl.: Dr. *Franz Sendtner*, Dr. *Max Theobald*, Dr. *Friedrich Hölzel*; Oberärzte: Dr. *Anton Edler von Braunmühl*, Dr. *Hans Mandel*, Dr. *Hermann Nadler*, Dr. *Leonhard Ersfeld*; Assistenzärzte auf Dienstvertrag: *Ernst* Frh. *von Amelunxen*, Dr. *Gustav Eidam*, Dr. *Josef Binder*, Dr. *Hans Gutenäcker*, Dr. *Max Barth.* 5 Pflegesekretäre, 5 Bezirksoberpfleger, 183 Pfleger, 7 Barmh. Brüder, 1 Pflegesekretärin, 6 Bezirkspflegerinnen, 228 Pflegerinnen. 1901—1905 als Ersatz für die ständig überfüllte und von der Stadt umklammerte Kreisirrenanstalt München erbaut und am 24. 7. 1905 eröffnet. Psychiatr. Außendienst. Beratungsstelle für psychische u. Nervenkranke in München durch Oberarzt Dr. *Hans Wandl*; ländliche Fürsorge u. erbbiologische Forschung durch Oberarzt Dr. *Hermamm Nadler*.

Eichberg bei Hattenheim im Rheingau (Provinz Hessen-Nassau)

Landesheilanstalt. Ebst. Hattenheim.

60 ha. Zahl der Kranken am 1. 1. 1937: 484 m., 436 w., im Vorjahre Zahl der Zugänge 173 m., 120 w., der Abgänge 103 m., 110 w., darunter Todesfälle 20 m., 38 w. 850 Plätze in der Anstalt. 2 Verpflegklassen. Ärzte: Direktor Dr. *Wilhelm Hinsen*; Oberärzte: Dr. *Leopold Coulon* und Dr. *Walter Kilb*; 1 Anstaltsarzt und 1 Volontärarzt. 99 Pfleger und Pflegerinnen. — Die Nassauische Irrenanstalt befand sich von 1815 bis 1849 in Eberbach, seitdem auf dem Eichberg. In Familien- und Heimpflege sind zur Zeit 85 Kranke untergebracht. Beratungsstellen für psychisch- und Nervenkranke befinden sich im Wohlfahrtsamt Wiesbaden und in den Kreisstädten der Kreise: Rheingau, St. Goarshausen und Untertaunus.

Eickelborn (Provinz Westfalen)

Provinzial-Heilanstalt für Geisteskranke. Ebst. Benninghausen.

60 ha. Zahl der Kranken am 1. 1. 1937: 878 m., 769 w., im Vorjahre Zahl der Zugänge 261 m., 182 w., der Abgänge 231 m., 208 w., darunter Todesfälle 31 m., 30 w. 1658 Plätze. 2 Verpflegungsklassen. Ärzte: Direktor Provinzial-Obermedizinalrat Dr. *Otto Kanis*; Oberärzte: Provinzialmedizinalrat Dr. *Ernst Jost*, Dr. *Ferdinand Hürten*, Dr. *Wilhelm Kemper*, Dr. *Richard Moenikes*, Dr. *Hans Hundt*, Dr. *Erich Altenkämer*; Assistenzarzt: Dr. *Karl Ewald*. 94 Schwestern, 111 Pfleger. Im Jahre 1883 eröffnet als Pflegeanstalt für unheilbare Geisteskranke, 1903 Errichtung eines Bewahrhauses für gefährliche Geisteskranke und eines Landhauses für ruhige arbeitende Männer; 1908—1914 als neuzeitliche Heilanstalt ausgebaut. Familienpflege, Beratungsstelle für psychische und Nervenkranke. Geschlossene Anstalt mit offener Abteilung.

Eilmsen (Kreis Soest)

Heilstätte für Alkohohlgefährdete: **Blaukreuzhof** über **Hamm** (Westf.) Ebst. Welver i. W.

19 ha. Zahl der Kranken am 1. 1. 1937: 29 m., 4 w., Zugänge im Vorjahr: 55 m., 8 w., Abgänge: 46 m., 6 w. 45 Plätze. 1 Verpflegklasse. Besitzer u. Leiter: Dietrich Goebel; Arzt: Dr. med. *Mertens*. 3 Pflegepersonal. Offene Heilstätte. Gegründet 1906.

Eisenach (Thür.)

Prof. **Rud. Denhardts** Anstalt gegen Stottern und andere Sprachleiden.

1 Verpflegklasse. Dir.: J. I. Knittel. Hausarzt: Dr. med. *Wedemann*. Beratungsstelle für Sprachleidende jeden Alters. Kinder werden als zur Familie gehörig betrachtet.

Elster-Bad

Dr. Köhlers Sanatorium, physikalisch-diätetische Heilanstalt für Bewegungsstörungen, innere und Nervenkrankheiten. Ebst. Bad Elster.

Zahl der Kranken am 1. 1. 1937: 9 m., 12 w., Zugänge im Jahr 1936: 389 m., 750 w., Abgänge 392 m., 744 w., darunter Todesfälle 14 m., 13 w. 175 Anstaltsplätze. Ärzte: Geh. Sanitätsrat Dr. *Köhler*, Dr. med. *Käppeler*, Dr. med. *Huchzermeyer*. Pflegepersonal: 14. — Alle erprobten physikalischen Methoden, Kurmittel des Bades, Freiluftliegebehandlung, Psychotherapie, Diätkuren.

Emmendingen (Baden)

Badische Heil- u. Pflegeanstalt. Ebst. Emmendingen.

88 ha. Zahl der Kranken am 1. 1. 1937: 638 m., 626 w., im Vorjahr Zahl der Zugänge: 261 m., 219 w., der Abgänge: 215 m., 229 w., darunter Todesfälle: 19 m., 32 w. 1300 Plätze. 3 Verpflegklassen. Ärzte: Direktor Dr. *Viktor Mathes*; Medizinalräte: Dr. *Ernst Jaeger*, *Siegfried Reck*, Dr. *Otto Schretzmann*, Dr. *Gregor Overhamm*; Ass. Ärzte: *Josef Braun*, Dr. *Willi Kieser*, Dr. *Karl Walter*, Dr. *Gertrud Koch*, Dr. *Werner Innöt*, *Amely Born*. 126 Pfleger, 112 Pflegerinnen. Gegründet 1989. Geschlossene Anstalt mit offener Abteilung. Psychiatrische Betreuung der Fürsorgeanstalt für Mädchen in Lahr.

Ensen (Rheinprovinz)

Alexianer Heil- u. Pflegeanstalt für männliche Geisteskranke, Schwachsinnige und Epileptiker. Ebst. Porz.

5 ha. Zahl der Kranken am 1. 1. 1936: 323, Zugänge im Jahre 1936: 90, Abgänge 101, darunter Todesfälle: 31. 325 Plätze. 3 Verpflegklassen, 43 Pfleger. Leitender Arzt: Dr. *Josef Westermann*; Ass.-Arzt: Dr. *Wilfried Doering*. Eröffnet 1905. Geschlossene Anstalt mit offener Abt. für Nervenkranke.

Erlangen (Bayern), Kreis Mittel- u. Oberfranken

1. **Kreis**-Heil- und Pflegeanstalt.

15300 ha. Zahl der Kranken am 1. 1. 1937 (Familienpflege inbegriffen): 441 männlich, 585 weiblich. (In der Anstalt befindet sich die Psychiatrische u. Nervenklinik der Universität, welche am 1. 1. 1937 88 m. und 91 w. der angeführten Anstaltspfleglinge ärztlich betreute). Zahl der Zugänge im Vorjahr (Klinik inbegriffen): 411 m., 374 w., Zahl der Abgänge (Klinik inbegriffen): 394 m., 383 w., darunter Todesfälle: 28 m.,

59 w. 1000 Anstaltsplätze. 2 Verpflegklassen. Ärzte: Direktor Dr. *Wilhelm Einsle*, Obermedizinalrat Dr. *Wilhelm Caselmann*, stellvertretender Direktor und Familienpflegearzt; Abteilungsärzte: Medizinalrat Dr. *Hermann Müller*, Oberarzt Dr. *Hans Prießmann*; Assistenzärzte: Dr. *Stefan Murar* und Dr. *Hermann Blank*. Pfleger: 98, Pflegerinnen: 100. Psychiatrischer Außendienst: hauptamtliche Fürsorgeärzte: Medizinalrat Dr. *Hubert Schuch*, Medizinalrat Dr. *Ewald Grimm*. Beratungsstellen in Nürnberg und Fürth. — Eröffnet 1846.

2. Psychiatrische u. Nervenklinik der Universität.

Zahl der Kranken am 1. 1. 1937: 88 m., 91 w., im Vorjahre Zahl der Zugänge 324 m., 226 w., der Abgänge 218 m., 228 w., darunter Todesfälle 12 m., 14 w. 200 Plätze. 2 Verpflegklassen. Ärzte: Direktor Universitätsprofessor Dr. *Friedrich Meggendorfer*; Oberarzt: Dr. *Adolf Bingel*; Assistenzärzte: Dr. *Hans Stracke*, Dr. *Oskar Sailer*. 20 Pfleger, 20 Pflegerinnen. Die Psychiatrische Klinik ist in einem Gebäude der Heil- und Pflegeanstalt untergebracht und hat mit dieser gemeinsame Verwaltung, ist im übrigen selbständig. Poliklinik für psychische und nervöse Krankheiten.

Ershausen (Eichsfeld, Prov. Sachsen)

St. Johannesstift. Privatanstalt für Geistesschwache, Epileptiker und Idioten. Ebst. Ershausen.

Zahl der Kranken am 1. 1. 36: 112 m., 87 w., Zahl der Zugänge im Jahr 1936 6 m., 6 weibl., der Abgänge 7 m., 2 w., davon durch Tod: 1 m., 2 w. 225 planmäßige und 15 überplanmäßige Plätze. 1 Verpflegklasse. Direktor: Pfarrer Friedrich Kalbhenn; Arzt: Dr. *Joseph Löffler*. 28 Schwestern, 4 Helferinnen, 1 Pfleger. Gegründet 1905; 1909 und 1926 vergrößert. Geschlossene Anstalt.

Eschweiler (Reg. Bez. Aachen)

Kreispflegehaus für altersschwache Personen. Ebst. Eschweiler.

19 Morgen. Zahl der Kranken am 1. 1. 1937: 102 m., 115 w., Zugänge im Vorjahr: 30 m., 41 w., Abgänge: 32 m., 33 w., darunter Todesfälle: 15 m., 18 w. 260 Plätze. 1 Verpflegklasse. Verwalter: Kreiswohlfahrtsamtsdirektor Roos, Arzt: Dr. med. *Gerhardy*. 17 Pflegeschwestern, 17 Hausangestellte. Offene Anstalt.

Essen (Rheinprovinz)

1. Psychiatrische und Nervenklinik der **städtischen** Krankenanstalten in **Essen,** Hufelandstr. 55.

Zahl der Kranken am 1. 1. 1937: 46 m., 47 w., im Vorjahre Zahl der Zugänge: 1305 m., 806 w., der Abgänge: 1259 m., 759 w., darunter Todesfälle: 66 m., 44 w. 95 Plätze. 3 Verpflegklassen. Ärzte: Chefarzt: Dr. *Walter Baumann*; Assistenzärzte: Dr. *Friedrich Nolte*, Dr. *Hans Dellwig*, Dr. *Ger-*

trud Reuter, Dr. *Elisabeth Güldner*. 12 Schwestern, 8 Pfleger. Eröffnet 1909. Zunächst bestand nur eine geschlossene Abteilung von 40 Plätzen, seit 1925 ist unter gleicher Leitung in dem früheren Kruppschen Erholungshaus eine offene Nervenabteilung von ca. 55 Plätzen errichtet worden. Beratungsstelle für psychisch- und Nervenkranke in der Ambulanz. Geschlossene und offene Abteilung sind vollkommen voneinander getrennt.

2. Psychiatrische und Nervenstation des **Philippusstiftes in Essen-Borbeck,** Hülsmannstraße 17.

Zahl der Kranken am 1. 1. 37: 41 m., 38 w., im Vorjahre Zahl der Zugänge: 282 m., 309 w., Abgänge: 253 m., 314 w., darunter 47 Todesfälle: 25 m., 22 w. 80 Plätze (davon 45 in geschlossener Abteilg.). 3 Verpflegklassen. Ärzte: Chefarzt: Dr. *Ferd. Segerath*, Facharzt für Nerven- und psychisch Kranke; I. Assistenzarzt Dr. *Menne*, II. Assistenzarzt Dr. *Kampshoff*. 5 Schwestern, 3 Pflegerinnen, 2 Krankenwärter. Gegr. 1925. Offene und geschlossene Abteilung.

3. **Franz-Sales-Haus** des Vereins zur Erziehung und Pflege kath. schwachsinniger, epileptischer, nervöser und schwererziehbarer Kinder beiderlei Geschlechts aus der Rheinprovinz in **Essen-Huttrop,** Steeler Str. 261.

Geistl. Direktor: Msgr. Hermann Schulte-Pelkum. Chefarzt: Dr. *Hans Hegemann*, Assistenzarzt: Dr. med. *Elisabeth Sackers*. 92 Schwestern und 60 Helferinnen. Offene Anstalt. 1100 Plätze. Gegründet 1884.

4. **Heimathaus Sichar** für schwachsinnige, altersschwache, sowie körperlich sieche Frauen und Mädchen in **Essen.**

1 Morgen. Zahl der Kranken am 1. 1. 1936: 70 w., Zugänge im Jahre 1936: 30 w., Abgänge: 30 w., darunter Todesfälle: 7 w. 70 Plätze. 1 Verpflegklasse. Arzt: Dr. med. *Bohle* in Essen. 1 Pfleger, 6 Pflegerinnen. Offene Anstalt.

5. **St. Kamillushaus,** Heilstätte für männliche Alkohol- und Nervenkranke in **Essen-**Heidhausen. Ebst. Essen-Werden a. d. Ruhr.

50 Morgen. Zahl der Kranken am 1. 1. 1937: 35 m., Zugänge im Vorjahr: 93 m., Abgänge 84 m. 100 Plätze. 2 Verpflegklassen. Direktor: Pastor Leuwer, Arzt: Dr. med. *Speltzen*. 10 Pflegepersonal. Offene Anstalt. Gegründet 1901 von der kathol. Ordensgenossenschaft der Kamillianer als erste katholische Heilstätte für alkoholkranke Männer. Offene Anstalt.

Essen-Bredeney

Waldsanatorium Dr. Hackländer, Privatklinik für Nervenkranke in Essen-Bredeney, Wiedfeldstr. 40/42. Ebst. Essen.

Zahl der Kranken am 1. 1. 1937: 8 m., 2 w., Zugänge im Jahr 1936: 104 m., 10 w., Abgänge 96 m., 8 w., darunter 1 m. Todesfall. Ärzte: Dr. med. *Friedr. Hackländer*, 1 Med. Praktikant. 1 Schwester in Bereitschaft, Nachtwacheschwester und Privatpflege nach Bedarf. 2 Verpflegklassen. 33 Plätze. Hydro-Elektro-Psychotherapie; Entziehungskuren.

Falkenhag siehe unter Rickling

Frankenhausen — Bad (Thüringen)

Erziehungsheim **Wilhelmstift** für schwachsinnige Jugendliche. Ebst. Bad Frankenhausen (Kyffh.).

Zahl der Kranken am 1. 1. 1936: 105 m., Zugänge im Jahre 1936: 10 m., Abgänge: 10 m., darunter Todesfälle 10. 115 Plätze. 1 Verpflegklasse. Vorsteher: Otto Mau. Hausarzt Dr. *Mohr* in Bad Frankenhausen. 10 Pfleger. Geschlossene Anstalt.

Frankenthal (Pfalz, Bayern)

Kreis-Heil- u. Pflegeanstalt. Ebst. Frankenthal (Rheinpfalz).

4 ha. Zahl der Kranken am 1. 1. 1937: 450 m., 424 w., Zugänge im Vorjahr: 221 m., 188 w. Abgänge: 213 m., 173 w., darunter Todesfälle: 48 m., 47 w. 2 Verpflegklassen. Ärzte: Direktor Dr. *Heinrich Resch*: Med.-Rat I. Kl. Dr. *Hermann Schröder*, Assistenzärzte Dr. *Karl Weber*, Dr. *Albert Heilmann*, 4 Medizinalpraktikanten. 61 Pfleger. 69 Pflegerinnen. Gegründet 1809. Psychiatr. Außendienst. Beratungsstelle für psychisch und Nervenkranke in Frankenthal und Ludwigshafen a. Rh. Geschlossene Anstalt.

Frankfurt a. M. (Provinz Hessen-Nassau)

1. Nervenklinik der **Stadt** und **Universität** Frankfurt a.M.

4 ha. Zahl der Kranken am 1. 1. 1936: 101 m., 125 w., Zugänge im Jahre 1936: 1372 m., 1032 w., Abgänge: 1349 m., 1044 w., darunter Todesfälle: 56 m., 80 w. 250 Plätze für Nerven- und Geisteskranke (darunter 18 für Kinder). 4 Verpflegklassen. Ärzte: Direktor Dr. *Karl Kleist*, o. Prof. der Psychiatrie und Neurologie der Universität Frankfurt a. M.; Oberärzte: Prof. Dr. *Beck*, Dr. *Leonhard*; Assistenzärzte: Dozent Dr. *Lehmann-Facius*, Dr. *Stadler*, Dr. *Riechert*, Dr. *Pittrich*; Volontärärzte: Dr. *Duus*, Dr. *Domnick*, Frl. Dr. *Gerhardt*, Dr. *Zillig*, Dr. *Schwab*, Dr. *Weber*, Dr. *Scheiderer*. 39 Pfleger, 42 Pflegerinnen. Die Klinik wurde 1930 als Ersatz der im Jahre 1864 erbauten Frankfurter Heilanstalt, die seit der Universitätsgründung (1914) auch als Klinik benutzt wurde, erstellt. Die Klinik hat geschlossene und offene Abteilungen und eine Kinderabteilung. Es ist ihr eine Poliklinik angegliedert; sie steht in Arbeitsgemeinschaft mit der städtischen Fürsorgestelle für Gemüts- und Nervenkranke (Leiter: Prof. Dr. *Hahn*).

2. Neurologisches Institut der **Universität Frankfurt**, Gartenstr. 229. (Städt. Krankenhaus).

Stellvertr. Direktor: Prof. Dr. *B. Fischer-Wasels*; Assistent: Dr. *Ernst Scharrer*. Gründungsjahr 1904. Der Aufgabenkreis des Instituts umfaßt in erster Linie die vergleichende Anatomie des Nervensystems (Neurobiologie).

3. Hirnverletztenheim f. spezielle Pflege und Behandlung von Hirnverletzten in **Frankfurt.**

21 a. Zahl der Kranken am 1. 1. 1936: 31 m., Zugänge 418 m., Abgänge 405 m., darunter Todesfälle 1. 50 Plätze. 1 Verpflegklasse. Verwaltung: F. Rohner. Ärzte: Dr. med. *Fritz Kalberlah*, Chefarzt. Dr. med. *Kurt Meschede*, Assistenzarzt. 1 Pfleger, 4 Pflegerinnen. Offene Anstalt. Ambulatorium für Hirnverletzte.

Freiburg i. Br. (Baden)

1. Psychiatrische und Nervenklinik der **Universität.**

1,80 ha. Psychiatrische Klinik: Zahl der Kranken am 1. 1. 37: 70 m., 65 w., im Vorjahre Zahl der Zugänge 299 m., 358 w., Abgänge: 281 m., 347 w., davon Todesfälle 18 m., 8 w. Nervenklinik: Zahl der Kranken am 1. 1. 37.: 9 m., 14 w., im Vorjahre Zahl der Zugänge 616 m., 384 w., Abgänge 618 m., 379 w., davon Todesfälle 4 m., 1 w. 150 Plätze in der Psychiatrischen Klinik, 44 Plätze in der Nervenklinik. 3 Verpflegklassen. Ärzte: Direktor Professor Dr. *Kurt Beringer*, Oberärzte: Priv. Doz. Dr. *Hanns Ruffin*, Priv.-Doz. Dr. *Robert Gaupp*; Assistenzärzte: Dr. *Richard Englbrecht*, Dr. *Julius Deußen*, Dr. *Hans Göppert*, Dr. *Klaus Matzen*, *Margit Blersch*. 27 Pfleger, 22 Pflegerinnen. Die psychiatrische Klinik wurde 1887, die Nervenklinik 1909 eröffnet. Ambulanz bei der Klinik. Geschlossene Anstalt mit offener Abteilung.

2. **Kreispflegeanstalt** und Zweigstelle **Kluzingen,** Kreisaltersheim. Ebst. Emmendingen.

Zahl der Kranken am 1. 1. 1936: 359 m., 193 w., Zugänge im Jahre 1936: 144 m., 78 w., Abgänge 148 m., 57 w., darunter Todesfälle: 37 m., 16 w. 500 Plätze in Kreispfl. Freiburg, 200 in Kreisaltersheim Kluzingen. 1 Verpflegklasse. Direktor: Wilhelm Späth; Hausarzt Dr. *Elble*, beide in Freiburg i. B. wohnhaft. 1 Pfleger, 39 Schwestern. Halboffene Anstalt.

3. **Privatsanatorium Dr. Muthmann,** Haus für nervöse Krankheiten, leichte innere Erkrankungen, Erschöpfungszustände, Ludwigstr. 36.

Zahl der Kranken am 1. 1. 1937 3 m., 11 w., Zugänge im Jahr 1936 18 m., 56 w. Arzt: Dr. *A. Muthmann*, Facharzt für Nervenkrankheiten. Klinische Behandlungsmethoden und Psychotherapie.

Freiburg (Schlesien)

Prov.-Heil- und Pflegeanstalt für Geistesschwache und Epileptiker. Ebst. Freiburg, Schlesien.

213 ha. Zahl der Kranken am 1. 1. 1937: 294 m., 356 w., Zugänge im Vorjahr: 139 m., 154 w., Abgänge: 132 m., 155 w., darunter Todesfälle: 17 m., 21 w. 660 Plätze. 1 Verpflegklasse. Ärzte: Direktor: Prov. Ob.-Med.-Rat Dr. med. *Flemming*; Prov. Med.-Rat Dr. med. *Hoppe*, stellvertr. Direktor. Oberärzte: Prov. Med.-Rat *Kügler*, Oberärztin Dr. med. *Elisabeth Hecker*; Ass.-Arzt Dr. med. *Richter*. Pflegepersonal 51 m., 52 w. Geschlossene Anstalt mit offener Abteilung. Psychiatrischer Außendienst. Familienpflege mit 24 m., 26 w. Erbbiologische Bestandsaufnahme der umliegenden Kreise. Die Kinderabteilung der Anstalt verfügt über 100 Plätze (oben eingerechnet); an der Schule für bildungsfähige Schwachsinnige wirken 3 Lehrkräfte.

Freienwalde — Bad, Oder (Prov. Brandenburg)

Sanatorium für Nervenkranke in Bad Freienwalde (Oder). Ebst. Bad Freienwalde, Oder.

45 Morgen. Zahl der Kranken am 1. 1. 1937: — m., 3 w., im Vorjahr Zahl der Zugänge: 33 m., 55 w., der Abgänge: 33 m., 52 w., darunter Todesfälle 1 m., — w. 18 Plätze. 1 Verpflegklasse. Arzt: Dr. *Eduard Zenker*, Nervenarzt. 1 Schwester. Gegründet 1912. Offene Privatanstalt.

Freudenstadt (Württemberg)

1. **Haus Hohenfreudenstadt** für innere Kranke und Nervöse. Ebst. Freudenstadt (Schwarzwald).

137 a, Zahl der Kranken am 1. 1. 37: 3 m., 11 w., Zugänge im Vorjahr 78 m., 143 w., Abgänge 81 m., 161 w., darunter Todesfälle 1 m. 35 Anstaltsplätze. 1 Verpflegklasse. Besitzer und Leiter: Dr. med. *Joachim Bauer*. Pflegepersonal 3. Nur offenes Haus.

2. **Sanatorium Dr. Ege** für körperlich und nervöse Erschöpfungen, Bronchialasthma, Herz- und Stoffwechselkrankheiten in Feudenstadt, Hartranftstr. 11.

Zugänge und Abgänge im Jahr 1936 8 m., 9 w. Kranke. 8 Plätze. Arzt Dr. *Ege*. Schwester Eva Goehry. Medizinische Bäder, Massage, elektrophysikalische Therapie (Ultrakurzwellen, Höhensonne, Sollux, Faradisation usw.).

Friedrichsfeld (Prinzenmoor) bei **Hamdorf** (Prov. Schleswig-Holstein)

Privatanstalt für weibl. Nerven- u. Gemütskranke. Ebst.: Rendsburg (Schlesw.-Holst.)

$4^1/_2$ ha. Zahl der Kranken am 1. 1. 1936: 15 w., Zugänge im Jahre 1936: —, Abgänge: —. 17 Plätze. 3 Verpflegklassen. Besitzerin und Leiterin: Fräulein C. Clausen. Arzt: Dr. *Marsch.* 3 Pflegerinnen. Geschlossene Anstalt.

Friedrichsroda (Thür.)

San.-Rat Dr. **Bielings** Sanatorium **Tannenhof** für innere u. Nervenleiden. Ebst. Friedrichsroda-Reinhardsbrunn.

Zahl der Kranken am 1. 1. 1936: 3 m., 4 w., Zugänge im Jahre 1936: 133 m., 145 w. Abgänge: 116 m., 140 w., darunter Todesfälle 2 m., 2 w. Anstaltsplätze 50. 1 Verpflegklasse. Leitender Arzt: San.-Rat Dr. med. *Kurt Bieling*; Ass.-Arzt: Dr. *Erich Brackmann.* Zahl des Pflegepersonals: 1 m, 2 w. Offene Anstalt.

Fürstenberg i. Meckl.

Sanatorium Schloß Fürstenberg für Nervenleidende, innere Kranke, Erholungsbedürftige. Ebst. Fürstenberg der Strecke Berlin-Neustrelitz.

Zahl der Patienten am 1. 1. 1937: 18. 47 Plätze. Arzt: Nervenarzt Dr. Freiherr von *Gebsattel.* 2 Schwestern, 1 Bademeisterin, 1 Gymnastikerin. Offene Anstalt.

Fulda (Provinz Hessen-Nassau)

St. Antoniusheim. Unterrichts-, Erziehungs- u. Pflegeanstalt für Schwachsinnige u. geistig Zurückgebliebene.

17 ha. Bestand am 1. 1. 1937: 109 m., 105 w., Zugänge 1936: 15 m., 8 w., Abgänge 7 m., 10 w., darunter Todesfälle 2 m., 4 w. 235 Plätze. Arzt: Dr. *Franz Stegmaier.* 26 Schwestern, 1 Lehrerin, 1 Kindergärtnerin, 2 Pfleger. Eröffnet 1904. Geschlossene Anstalt.

Fußbach b. **Schönberg** (Baden)

Kreispflegeanstalt Fußbach. Ebst. Schönberg (Amt Offenburg).

10 ha. Zahl der Kranken am 1. 1. 1937: 206 m., 190 w., Zugänge im Vorjahre: 36 m., 37 w., Abgänge: 55 m., 30 w., darunter Todesfälle: 17 m., 17 w. 412 Plätze. 1 Verpflegklasse. Anstaltsarzt: Dr. *Paul Wössner*, Zell a. H. 23 Schwestern, 2 Wärter. 1873 mit 15 Pfleglingen eröffnet.

Gabersee bei Wasserberg a. I. (Bayern)

Oberbayrische Heil- u. Pflegeanstalt. Ebst. Wasserburg am Inn-Bahnhof.

285 ha. Kranke am 1. 1. 1937: 451 m., 456 w., Zugänge im Vorjahr 256 m., 179 w., Abgänge: 159 m., 169 w., darunter Todesfälle: 36 m., 23 w.

967 Plätze. 1 Verpflegklasse. Ärzte: Direktor: O. M. R. Dr. *Friedrich Utz*, Stellvertr.: Med.-Rat I. Cl. Dr. *Heinrich Lössl*, Med.-Rat Dr. *Karl Streichele*, Anst.-Oberarzt Dr. *Otto Hubbauer*, Vertragsarzt Dr. *Karl Uebler*. 51 Pflegerinnen, 19 Ordensschwestern, 78 Pfleger. Gegründet 1883 nach Altscherbitzer Muster als koloniale Anstalt mit besonderer Betonung der landwirtschaftlichen Beschäftigung der Kranken. Psychiatrischer Außendienst. Beratungsstelle für psychisch und Nervenkranke. Geschlossene Anstalt.

Galkhausen in **Langenfeld** (Rheinland)

Rheinische **Provinzial**anstalt. Ebst. Langenfeld (Rheinland).

126 ha. Zahl der Kranken am 1. 1. 1937: in der Anstalt 593 m., 555 w., in Heimpflege 69 m., 257 w. Im Jahre 1936 Zugänge: 383 m., 520 w., Abgänge: 346 m., 506 w. Zahl der Plätze: 1236. Eine Verpflegklasse. Ärzte: Direktor Dr. *Georg Beyerhaus*, Oberärzte: Dr. *Oskar Hermann*, Dr. *Armin Tilliss*, Anstaltsärzte: Dr. *Fritz Termehr*, Dr. *August Schrödter*, Assistenzarzt: Dr. *Gertrud Schumacher*, Volontärärzte: Dr. *Maria Hoffmann*, Dr. *Hilde Böhm*, Dr. *Hans Abels*. 80 Pfleger, 78 Pflegerinnen. Gegründet 1900 als koloniale Anstalt mit Pavillon- und Offentürsystem. Psychiatrischer Außendienst.

Gangelt (Kreis Geilenkirchen, Rheinprov.)

Heil- und Pflegeanstalt **Maria-Hilf** für weibl. Geisteskranke. Ebst. Gangelt.

Am 1. 1. 1937: 400 Kranke, Zugänge 1936: 37, Abgänge: 37, darunter Todesfälle 22. 400 Plätze. 2 Verpflegklassen. Arzt: Dr. *Erich Blum*. 44 Schwestern. Eröffnet 1869.

Gaschwitz-Leipzig

Sanatorium **Hartheck**, Privat-Heilanstalt für Nerven- und Gemütskranke. Ebst. Gaschwitz b. Leipzig.

50000 qm. Zahl der Kranken am 1. 1. 36: 6 m. und 21 w., Zugänge im Jahr 1936 23 m. und 43 w., Abgänge 22 m. und 48 w., darunter Todesfälle 1 m. und 3 w. 38 Anstaltsplätze. 1 Verpflegklasse. Besitzer und Leiter: Dr. med. *Wilhelm Sernau*. Pflegepersonal: 1 m. und 14 w. Geschlossene Anstalt mit offener Abteilung. Gegründet 1899.

Geisingen (Baden)

Kreispflegeanstalt Geisingen. Ebst. Geisingen.

2 ha. Zahl der Kranken am 1. 1. 1936 193 m., 141 w., Zugänge im Jahre 1936: 140 m., 34 w., Abgänge: 134 m., 30 w., darunter Todesfälle 15 m., 14 w. 352 Plätze. 1 Verpflegklasse. Verwalter: Weick. Arzt: Dr. *Steiger*. Pflegepersonal: 1 m., 8 w. Offene Anstalt mit geschlossener Abteilung.

Gernrode a. H.

Sanatorium Dr. **Kaltenbach** für Nervenkranke. Ebst. Bad Suderode, Harz.

10 Morgen. Zahl der Kranken am 1. 1. 1937: 23 m., 12 w., Zugänge im Vorjahr: 315 m., 259 w., Abgänge: 300 m., 260 w. 90 Plätze. 2 Verpflegklassen. Leiter: Dr. med. *Kaltenbach*; 1 Assistenzarzt. Pflegepersonal 5. Offene Anstalt. Es werden auch Kranke mit Diabetes, Magenleiden, Arteriosklerose aufgenommen.

Gerswalde (Uckermark)

Heil- und Erziehungsinstitut für seelenpflegebedürftige Kinder u. Jugendliche. Ebst. Haßleben, Uckermark.

35 ha. Zahl der Kranken am 1. 1. 1937: 19 m., 10 w., Zugänge im Vorjahr: 6 m., 3 w., Abgänge: 9 m., 7 w. 48 Plätze. Heimleiter: Franz Löffler. Arzt: Dr. med. *G. Kaiser*. 10 Pflegepersonal. Offene Anstalt.

Gescher (Westfalen)

St. Vinzenzhaus, Pflegeanstalt u. Bildungsheim mit Hilfsschule u. Werkstätten. Ebst. Gescher, Westf.

40 ha. Zahl der Kranken am 1. 1. 1936: 198 m., 119 w., Zugänge im Jahre 1936: 78 m., 10 w., Abgänge: 29 m., 15 w., darunter Todesfälle: 3 m., 3 w. 380 Plätze. 1 Verpflegklasse. Direktor: Heinrich Kruse. Psychiater: Med.-Rat Dr. *Schmidt*; Arzt: Dr. med. *Alfers*. 28 Pfleger, 27 Pflegerinnen. Geschlossene Anstalt.

Gießen (Hessen)

1. Psychiatrische und Nervenklinik der **Universität.**

10000 qm. Zahl der Kranken am 1. 1. 1937: 43 m., 59 w. Im Vorjahr Zahl der Zugänge: 781 m., 535 w., Zahl der Abgänge 783 m., 530 w. 3 Verpflegklassen. Ärzte: Direktor Prof. Dr. *Boening*, Oberarzt Dozent Dr. *Josef Jacobi*, Assistenzärzte: *Dr. Walter Müller*, Dr. *Josef Sehr*, Dr. *Rudolf Kohl*, Dr. *Elisabeth Pinkeser*, Dr. *Marga Weigel*, 2 Volontärärzte, 2 Medizinalpraktikanten. 2 Oberpfleger, 2 Oberpflegerinnen, 25 Pfleger, 26 Pflegerinnen. Eröffnet: 1896. Psychiatrischer Außendienst durch die Hilfsvereine Hessens. Poliklinik. Geschlossene Anstalt mit offener Abteilung.

2. **Provinzial-**Pflegeanstalt Oberhessen in Gießen.

18 Morgen. Zahl der Kranken am 1. 1. 1937: 125 m., 132 w., im Vorjahre Zahl der Zugänge: 11 m., 26 w., der Abgänge: 31 m., 43 w., darunter Todesfälle: 18 m., 23 w. 260 Plätze. 3 Verpflegklassen. Verwalter: Heinrich Klöß. Ordinierender Arzt: Dr. med. *Fritz Schäffer*. 5 Schwestern, 14 Pflegerinnen, 2 Wärter. Gegründet 1903. Offene Anstalt.

3. Hessische **Landes-**Heil- und Pflegeanstalt Gießen, Licherstr. 106.

94 Morgen. Zahl der Kranken am 1. 1. 1937: 260 m., 232 w., im Vorjahre Zahl der Zugänge: 100 m., 83 w., der Abgänge: 99 m., 74 w., darunter Todesfälle: 20 m., 13 w. 538 Plätze. 3 Verpflegklassen. Ärzte: Direktor Obermed.-Rat Dr. *Hermann Schneider*; Oberärzte: Med.-Rat Dr. *Karl Kinsberger* und Med.-Rat Dr. *Clemens Frank*; Assistenzärzte: Dr. *Theo Klein*, Dr. *Georg Repp*. 126 Pflegepersonal (einschl. Oberpersonal). Psychiatrische Außenfürsorge, Familienpflege, Beratungsstelle für psychische und Nervenkranke. Eröffnung der Anstalt 1911. Die Anstalt enthält ein festes Haus zur Verpflegung schwer zu verwahrender, vorwiegend krimineller Geisteskranker mit antisozialen Tendenzen.

Gifhorn (Prov. Hannover)

Stift Isenwald. Heilstätte für alkoholkranke Männer. Ebst. Gifhorn.

10 ha. Zahl der Kranken am 1. 1. 1937: 20 m., im Vorjahr Zahl der Zugänge 42 m., der Abgänge 42 m. 35 Plätze. 1 Verpflegklasse mit Zimmern 1. bis 3. Klasse. Anstaltsvorsteher Pastor M. Müller in Kästorf-Anstalten über Gifhorn. Anstaltsarzt Dr. *Kurt Gerbracht*. Pflege wird von den Hauseltern besorgt. Gegründet 1901 als Anstalt der Inneren Mission durch den Verein für Trinkerrettung in Hannover, Schiffgraben 6. Offene Anstalt. Beschäftigung ist Garten-, Wald- u. Feldarbeit.

Glatz-Scheibe (Provinz Schlesien)

Anstalt für Geisteskranke, Abteilung des **Barmherzigen Krankenstifts.** Ebst. Glatz.

Bestand: 1. 1. 1936: 90 m., 124 w., Zugänge im Jahre 1936: 28 m., 37 w. Abgänge 1936: 26 m., 29 w., darunter Todesfälle: 8 m., 3 w. 234 Plätze. 3 Verpflegklassen. Chefarzt Dr. *Waldemar Kolbe*, Ärztin: *Klara Schnurr*. 12 Pfleger, 30 Schwestern. Geschlossene Anstalt mit offener Abteilung; gegründet 1850.

Gleisweiler-Bad b. **Landau** (Saarpfalz)

Sanatorium für Nerven-, innere und Stoffwechselkranke. Postamt Bad Gleisweiler über Landau (Pfalz).

60 Morgen großer, alter Park mit subtropischer immergrüner Vegetation. 60 Plätze. 3 Pflegepersonen. Leitender Arzt Sanitätsrat Dr. *Hoenes* und zweiter Arzt. Offene Anstalt. 1844 als Kaltwasserheilanstalt gegründet.

Gleiwitz (Reg. Bez. Oppeln, Oberschlesien)

Johannesheim, Heilstätte für Alkoholkranke. Ebst. Gleiwitz.

21 Morgen. Zahl der Kranken am 1.1.1937: 9 m., Zugänge im Vorjahr: 30 m., Abgänge: 20 m. 26 Plätze. 3 Verpflegklassen. Heimleiter Datz; Arzt Dr. *Torka*. 3 m., 1 w. Pflegepersonal. Offene Anstalt. (Der Heilstätte

ist eine Abteilung für Altersschwache und aus Heil- und Pflegeanstalten entlassene Geisteskranke sowie unheilbare Alkoholiker angegliedert. Zahl der Pfleglinge 21. 25 Plätze.)

Goddelau (Provinz Starkenburg, Hessen)

Hessische **Landes**-Heil- und Pflegeanstalt **„Philippshospital"** für Geisteskranke, Schwachsinnige, Epileptiker und Trunksüchtige. Ebst. Goddelau-Erfelden (Frankfurt-Mannheim).

80 ha. Zahl der Kranken am 1. 1. 1937: 551 m., 435 w., im Vorjahre Zahl der Zugänge 177 m., 154 w., der Abgänge 149 m., 148 w., darunter Todesfälle 20 m., 20 w. 1100 Plätze, 3 Verpflegklassen. Ärzte: Direktor Oberarzt Dr. *Scriba*; Oberärzte: Med.-Rat Dr. *Ludwig Schönmehl*, Med.-Rat Dr. *Peter Thinnes*; Anstaltsärzte: Med.-Rat Dr. *Heinz Dietz*; Assistenzärzte: Dr. *Otto Finger*, Dr. *Gerkhardt*, Dr. *J. Dienst*, Dr. *Wilhelm Weber*. 130 Pfleger, 93 Schwestern. Gegründet 1533 von Landgraf Philipp dem Größmütigen, zuerst als Siechenhaus, dann Anstalt für Geisteskranke, im 18. und 19. Jahrhundert erweitert, von 1884 bis 1902 völlig neu gebaut. Familienpflege. Geschlossene Anstalt mit offener Abteilung.

Göppingen (Württemberg)

Privat-Heilanstalt **Christophsbad** für Nerven- u. Gemütskranke. Ebst. Göppingen.

100 ha. Zahl der Kranken am 1. 1. 1937: 250 m., 262 w., im Vorjahre Zahl der Zugänge 59 m., 125 w., der Abgänge 67 m., 118 w., darunter Todesfälle 10 m., 12 w. 525 Plätze. 3 Verpflegklassen. Leitender Arzt: Dr. *F. Glatzel*, Oberarzt: Dr. *K. John*, Ass.-Ärzte: Dr. *E. Schrittenlocher*, Dr. *H. Eisele*, Dr. *H. J. Weitbrecht*. 1 Pflegeperson für ca. 6 Patienten. 1852 gegründet von Med.-Rat Dr. *H. Landerer*.

Görden (Provinz Brandenburg)

Brandenburgische **Landes**anstalt. Ebst. Görden (Städtebahn) und Brandenburg a. Havel (Reichsbahnhof).

176 ha. Zahl der Kranken am 1. 1. 37: 934 m., 1160 w., im Vorjahr Zugänge: 202 m., 173 w., Abgänge: 183 m., 240 w., darunter Todesfälle: 54 m., 82 w. 2220 Plätze. 2 Verpflegklassen. Ärzte: Direktor Dr. *Ehlers*; Erste Oberärzte: Dr. *Michalke* (stellv. Dir.), Dr. *Birnbaum*; Oberärzte: Dr. *Honekamp*, Dr. *Kapeller*, Dr. *Brockhausen*, Dr. *Krolow*; Ass.-Ärzte: Dr. *Kleine*, Dr. *Losch*, Frl. *Peters*. 4 Oberpfleger, 198 Pfleger, 4 Oberpflegerinnen, 222 Pflegerinnen. Gegründet 1914. Geschlossene Anstalt.

Görlitz (Niederschlesien)

Sanatorium Dr. **Kahlbaum**, offenes Kurhaus für Nervenkranke u. Erholungsbedürftige mit angegliederten Abteilungen für seelisch Kranke.

Mehrere Gebäude mit 7 unter sich getrennten Abteilungen für männliche und weibliche Kranke. 115 Plätze, größtenteils Einbettzimmer. 2 Verpflegklassen. Areal 40000 qm. Zahl der Kranken am 1. 1. 36: 31 m., 32 w., Zugänge im Jahr 1936: 216, Abgänge 213. Ärzte:-San. Rat Dr. *Siegfried Kahlbaum*, Direktor; Dr. *Helmut Krauß*, Dr. *Albert Seitzer*. Pfleger und Pflegerinnen: 38. Gesellschafterinnen, Lehrer und Lehrerinnen: 8. 1855 von San.Rat Dr. *Reimer* gegründet, 1867 von San.-Rat Dr. *Karl Ludwig Kahlbaum* und nach dessen Tode 1899 von San.-Rat Dr. *Siegfried Kahlbaum* übernommen.

Göttingen (Hannover)

1. **Landes**-Heil- u. Pflegeanstalt u. Landes-Verwahrungshaus für unsoziale Geisteskranke.

76 ha. Zahl der Kranken am 1. 1. 1937: 438 m., 250 w., im Vorjahr Zahl der Zugänge: 262 m., 216 w., der Abgänge: 258 m., 205 w., darunter Todesfälle: 35 m., 33 w. 706 Plätze. 1 Verpflegklasse. Ärzte: Direktor Landesobermedizinalrat Prof. Dr. *Gottfried Ewald*; 1. Oberarzt: Landes-Med.-Rat Dr. *Diedrich Harries*, Direktor des Verwahrungshauses; Oberärzte: Dr. *Rembert Richard*, Dr. *Karl Wentzlau*, Dr. *Walter Busse*; Hilfsarzt Dr. *Lowitzsch*. 81 Pfleger, 38 Pflegerinnen. Gegründet 1866. Die Anstalt diente von Anfang an gleichzeitig dem psychiatrischen Unterricht. Psychiatrischer Außendienst. Familienpflege. Geschlossene Anstalt mit offener Abteilung.

2. **Universitäts**klinik u. Poliklinik für psychische u. Nervenkrankheiten.

13 a. Zahl der Kranken am 1. 1. 1936: 9 (9) m., 18 (9) w., Zugänge im Jahre 1936: 1023 (238) m., 444 (121) w., Abgänge: 1019 (234) m., 450 (123) w., darunter Todesfälle: 11 (—) m., 8 (—) w. Plätze: 58 (38). Die eingeklammerten Zahlen beziehen sich auf die der Nervenklinik angegliederten Encephalitis-Abteilungen. 3 Verpflegklassen. Ärzte: Direktor Prof. Dr. *Gottfried Ewald*, Oberarzt: Priv.-Dozent Dr. *Gustav Störring* Ass.-Ärzte; planmäßige: Dr. *Ferdinand Schoen*, Dr. *Fritz Reder*, außerplanmäßige: Dr. *Friedrich Duenping*, Dr. *Erich Trostdorf*, Vol.-Ärzte: Dr. *Hans Beisert*, Dr. *Lissi Meyer*, Dr. *Vera Christiani*. 4 (1) Pfleger, 5 (3) Pflegerinnen. Offene Anstalt. Schwere psychische Fälle werden der Landesheil- und Pflegeanstalt überwiesen. Beratungsstelle für psychisch Nervenkranke, Trunksüchtige und abnorme Kinder.

Greiffenberg (Prov. Schlesien)

Sanatorium **Birkenhof** für Nerven-, innere und Stoffwechselkrankheiten. Ebst. Greiffenberg.

Das Sanatorium ist seit 1925 Eigentum der Reichsversicherungsanstalt für Angestellte, das ganze Jahr voll belegt; 145—160 Patienten, durchschnittlich $^2/_3$ Damen, $^1/_3$ Herren. Privatpatienten werden nicht aufgenommen. Chefarzt: Dr. *Heine*, Oberarzt: Dr. *Lau*, Ass.-Arzt: Dr. *Rohrwasser*, Volontärarzt: Dr. *Severin*.

Greifswald (Prov. Pommern)

Psychiatrische und Nervenklinik der **Universität.**

Zahl der Kranken am 1. 1. 37.: 48 m., 41 w., Zugänge im Vorjahr: 728 m., 374 w., Abgänge: 716 m., 377 w., darunter Todesfälle: 30 m., 19 w. Höchstbelegungszahl: 135. Ärzte: Direktor Prof. Dr. *Jacobi*; Oberarzt: Priv.-Doz. Dr. *Ernst Störring*; Ass.-Ärzte: *Kurt Koblin*, Dr. *Günther Oberdalhoff*, Dr. *Liesbet Riemann*. 26 Pfleger, 23 Pflegerinnen, darunter 3 Schwestern.

Gremsdorf bei **Höchstadt** a. Aisch (Ober- und Mittelfranken)

Pflegeanstalt d. **Barmherzigen Brüder.** Ebst. Gremsdorf (Of.).

77 Tgw. Zahl der Kranken am 1. 1. 36: 421 m., Zugänge im Jahre 1936: 33 m., Abgänge 38 m., darunter Todesfälle 30 m. Anstaltsplätze 425. 2 Verpflegklassen. Leiter: Gumbert Spiedeck, Anstaltsarzt: Dr. *Ferd. Späth*, Bezirksarzt in Höchstadt a. Aisch. Pflegepersonal: 35 m., 5 w. Geschlossene Anstalt. Beratungsstelle für Schwachsinnige, Epileptiker, Krüppelhafte, Gelähmte (376) und abnorme Kinder (40).

Großhennersdorf (Sachsen)

Katharinenhof, Anstalt für bildungsunfähige schwachsinnige Kinder. (Steht seit 1. 7. 1934 in der Verwaltung des Landesvereins für innere Mission in Dresden, bleibt aber Eigentum des Staates Sachsen.) Ebst. Herrnhut.

58 ha. Am 1. 1. 1937: 123 Kn., 92 Md., Zugänge im Vorjahr: 19 Kn., 14 Md., Abgänge: 24 Kn., 11 Md. 1 Verpflegklasse. 225 Plätze. Direktor: Ob.-Reg.-Med.-Rat i. R. Dr. *Ewald Meltzer*. 14 Diakonissen, 39 Wärterinnen und Hausmädchen. 1721 als Waisenhaus gegründet von Sophie v. Gersdorf; nach deren Mutter „Katharinenhof" genannt, später Herrnhuter Erziehungsanstalt, 1838 in Staatsbesitz übergegangen, erst Landeswaisenhaus, dann Korrektionsanstalt für Jugendliche, dann Erziehungsanstalt für schwachsinnige Knaben. 1909—11 umgebaut zur Pflegeanstalt für bildungsunfähige und wenig bildungsfähige schwachsinnige Kinder. Beratungsstelle für psychisch und Nervenkranke.

Großschweidnitz bei **Löbau** (Sachsen)

Staatliche Heil- u. Pflegeanstalt. Ebst. Großschweidnitz.

198 ha. Zahl der Kranken am 1. 1. 1937: 386 m., 496 w., Zugänge im Vorjahr: 181 m., 175 w., Abgänge: 177 m., 150 w., darunter Todesfälle: 34 m., 32 w. 875 Plätze. 2 Verpflegklassen. Ärzte: Direktor Ober-Med.-Rat Dr. *Berlit*, stellvertr. Direktor: Oberreg.-Med.-Rat Dr. *Gerhard Müller*, Reg.-Med.-Räte: Dr. *Günther Langer*, Dr. *Karl Timann*. Hilfsärzte: Dr. *Fritz Frenzel*, Dr. *Hans Kamp*. 67 Pfleger und Wärter, 116 Schwestern, Hilfspflegerinnen und Wärterinnen. Gründungsjahr 1902. Geschlossene Anstalt mit offener Abteilung. Psychiatrischer Außendienst. Familienpflege.

Grumbach bei **Stuttgart** (Württemberg)

Privat-Pflegeanstalt für weibl. Geisteskranke. Postamt Grumbach bei Stuttgart.

Eröffnet 1884. 1937: 10 Plätze. Arzt: Dr. *Stenz* in Endersbach.

Guben (Reg. Bez. Frankfurt a. O.)

Naemi Wilke-Stift der ev.-luth. Diakonissenanstalt, Abt. Pfleglingsheim für Idioten und Schwachsinnige. Ebst. Guben.

Zahl der Kranken am 1. 1. 1937: 73 w., Zugänge im Vorjahr: 1 w., Abgänge: 3 w., darunter Todesfälle: 1 w. 80 Plätze. 1 Verpflegklasse. Chefarzt: Sanitätsrat Dr. *Ayrer*, Oberarzt Dr. *Matties*. 6 Diakonissen. 2 geschlossene Abteilungen.

Günzburg a. D. (Bayern)

Kreis- Heil- und Pflegeanstalt. Ebst. Günzburg a. D.

154 ha. Zahl der Kranken am 1. 1. 37: 291 m., 225 w., Zugänge im Vorjahre: 94 m., 79 w., Abgänge: 93 m., 74 w., darunter Todesfälle: 10 m., 12 w. Normalbelegung 560 Plätze. 3 Verpflegungsklassen. Ärzte: Direktor Ober.-Med.-Rat Dr. *Roderich Mayr* (im Sept. 1937 †), Med.-Rat I. Kl. Dr. *Albert Sighart*, Assistenzärzte: Dr. *Wilhelm Leinisch*, *Heinrich Adam*, 1 Stelle unbesetzt. Pfleger 53, Pflegerinnen 44. Gründungsjahr 1915. Geschlossene Anstalt. Beratungsstelle für psychisch und Nervenkranke, psychiatrischer Außendienst, Familienpflege.

Gütersloh (Westfalen)

Provinzial- Heilanstalt für Geisteskranke. Ebst. Gütersloh.

177 ha. Zahl der Kranken am 1. 1. 1937: 779 m., 766 w., Zugänge im Vorjahre: 239 m., 255 w., Abgänge: 175 m., 208 w., Todesfälle 59 m., 54 w. 1550 Plätze. Äußerste Belegungsmöglichkeit: 1625 Plätze. Einheitsunterbringung und -verpflegung. Ärzte: Direktor Prov.-Ober-Med.-Rat Dr. *Werner Hartwich*; stellvertretender Direktor: Prov.-Med.-Rat Dr. *Hans Clemens*; Oberärzte: Dr. *Arno Klopfer*, Dr. *Herbert Ehrenstein*, *Lothar Drobnitzky*. Pflegepersonal: 172. Eröffnet1920. Ausgedehnte Beschäftigungsmöglichkeiten für alle Kranken, nach dem System des früheren Direktors Obersanitätsrats Dr. *Simon*. Planmäßige Heilerziehung und klinische Behandlung. Geschlossene Anstalt.

Gundelsheim am Neckar (Württemberg)

Sanatorium Schloß Horneck für innere und Nervenkrankheiten. Ebst. Gundelsheim a. N.

Zahl der Kranken am 1. 1. 1937: 12 m., 7 w., Zugänge im Jahr 1936: 523 m., 327 w., Abgänge 528 m., 331 w., darunter Todesfälle 3 m., 1 w.

Ärzte: Geh. Hofrat Dr. *L. Roemheld*, leitender Arzt; Dr. phil. et med. *Michael Bauch*, Dr. med. *Carl Lageder*, Dr. med. *Hans Bogenhard*, Medizinalpraktikantin *Helmi Loy*, Medizinalpraktikant *Ernst Steger*. 120 Anstaltsplätze. Pflegepersonal: 11. Diätisch, physikalische therapeutische Maßnahmen und Psychotherapie mit speziellem Psychotherapeuten.

Haar siehe Eglfing-Haar.

Habelschwerdt (Reg. Bez. Breslau)

Altersheim **St. Georg** in **Altweistritz**, zum Krankenhaus Maria-Hilf in Habelschwerdt gehörig. Ebst. Habelschwerdt.

Habelschwerdt dient vorwiegend der Unterbringung pflegebedürftiger alter Leute und gutartiger Geisteskranker. 60 Plätze. Arzt: Dr. med. *E. Kalpen*, Facharzt für innere Krankheiten in Habelschwerdt.

Hadamar (Kreis Limburg, Reg.-Bez. Wiesbaden)

1. **Landes**-Heil-Anstalt für Geisteskranke. Ebst. Hadamar.

68 ha. Zahl der Kranken am 1. 1. 1937: 141 m., 224 w., Zugänge im Vorjahr: 111 m., 271 w., Abgänge: 86 m., 216 w., darunter Todesfälle: 7 m., 24 w. 365 Plätze. 1 Verpflegklasse. Direktor: Dr. *Otto Henkel*, Oberarzt: Dr. *Peter Masorsky*, Oberärztin: Frl. *Frieda Conrad*. 14 Pfleger, 23 Schwestern. Die Anstalt wurde 1883 zur Unterbringung von Korrigenden eröffnet; ab 1906 Landespflegeanstalt; ab 1920 Landes-Heil- und Erziehungsanstalt. In Familienpflege ungefähr 50 Kranke. Beratungsstelle für minderbemittelte Nerven- und Gemütskranke. Geschlossene Anstalt mit 2 offenen Abteilungen.

2. **St. Josefs-Anstalt** für männliche Schwachsinnige, Epileptiker u. Geisteskranke in Hadamar. Ebst. Hadamar.

Zahl der Kranken am 1. 1. 1937: 50 m., Zugänge im Vorjahr: 37 m., Abgänge: 210 m., darunter Todesfälle: 9. 280 Plätze. 1 Verpflegklasse. Hausarzt: Dr. *Arthen*. 17 Brüder Pflegepersonal. 4 geschlossene und 2 offene Abteilungen.

Haina (Kloster), Reg. Bez. Kassel (Prov. Hessen-Nassau)

Provinzial-Heil- u. Pflegeanstalt für geisteskranke Männer. Ebst. Gemünden a. Wohra.

Anstalt 16 ha, Gut 364 ha. Zahl der Kranken am 1. 1. 1937: 835, Zugänge im Jahre 1936: 103, Abgänge: 125, darunter Todesfälle: 32. Z. Zt. 850 Plätze. 2 Verpflegungsklassen. Ärzte: Direktor und Landesobermedizinalrat Dr. *Zeiß*, 1. Oberarzt: Landesmedizinalrat Dr. *Gerhard Kloos*, Oberärzte: Dr. *Theodor Heller*, Dr. *Deussen*, Assistenzarzt: Dr. *Walter Riesen*, 1 Medizinalpraktikant. 3 Oberpfleger, 74 Pfleger, 14 Hilfspfleger, 15 Lernpfleger. Gegründet als Zisterzienser Kloster 1221. Von Philipp dem Großmütigen, Landgraf von Hessen, 1527 in ein Hospital umgewandelt, 1530 mit Kranken belegt. Von Anfang an Geisteskranke aufgenommen. Ärzte und Chirurgen kamen zunächst von auswärts. Seit 1703 Chirurg in Haina, seit 1821 Arzt, seit 1891 ärztlicher Direktor. Geschlossene Anstalt. Familienpflege. Beratungsstellen für psychisch und Nervenkranke.

Hall (**schwäbisch**) (Württemberg)

Ev. Diakonissenanstalt Schwäbisch Hall, Gottlob-Weißer-Haus-Pflegeheimat und Heilstätte für Geistesschwache, Gemütskranke und Nervenleidende. Ebst. Hall (schwäb.).

Zahl der Kranken: Kinderabteilung: 1. 1. 1937: 34 Knaben bis zum 14. Lebensjahr, 13 Mädchen, Zugänge im Vorjahr: 12 m., 2 w., Abgänge: 7 m., 2 w., darunter 3 Todesfälle. Erwachsenen Abteilung, nur für weibliche: 1. 1. 1937: 468, Zugänge im Vorjahr: 83, Abgänge: 87, darunter 76 Todesfälle. — 520 Plätze. Allgemeine Abteilung und Privatabteilung mit Einzelzimmer 1. 2. und 3. Klasse. Pfarrer Wilhelm Breuning, Leiter der Anstalt. Dr. *E. v. Rutkowski*, leitender Arzt, 1 Assist.-Arzt. 41 Diakonissen, 18 Pflegerinnen, 5 Nachtwachen, 15 sonstige Hilfen. Gründungsjahr 1900. Ab 1. Oktober 1937 Erweiterung der Privatabteilung um 30 Betten.

Halle a.d. Saale (Prov. Sachsen)

Psychiatrische und Nervenklinik der **Universität**.

16 Morgen. Zahl der Kranken am 1. 1. 1937: 61 m., 61 w., Zugänge im Jahre 1936: 954 m., 700 w., Abgänge: 957 m., 687 w., darunter Todesfälle: 47 m., 43 w. 150 Plätze. 3 Verpflegklassen. Ärzte: Direktor o. Prof. Dr. *Paul Hilpert*; Oberarzt und stellv. Direktor: a.-o. Prof. Dr. *Karl Pönitz*; Assistenten: Dozent Dr. *Gärtner*, Dr. *Böhm*, Frl. Dr. *Gielen*, Dr. *Cichon*, Dr. *Brannolte*. 31 Pfleger, 28 Pflegerinnen, davon 3 Schwestern. Gründungsjahr 1891. Als Klinik für Geistes- und Nervenkrankheiten im Pavillonsystem von Hitzig erbaut und geleitet. Weitere frühere Direktoren: Ziehen, Wernicke, Anton, Hauptmann. Geschlossene Anstalt mit offener Abteilung. Poliklinik für Geistes- und Nervenkranke im Hause.

Hamb (Post Kapellen, Reg. Bez. Düsseldorf)

Bildungs- u. Pflegeanstalt **St. Bernardin** für weibliche Geistesschwache. Ebst. Geldern, Niederrhein.

16 Hektar. Zahl der Kranken am 1. 1. 1937: 302 w., Zugänge im Vorjahr: 19 w., Abgänge: 14 w., darunter 3 w. Todesfälle. 310 Plätze. 2 Verpflegklassen. Arzt: Med.-Rat Dr. *Reckmann*. Vorsteherin: Oberin Michaelis Hüsemann. 35 Pflegepersonal. Geschlossene Anstalt mit offener Abteilung.

Hamburg

1. Psychiatrische- und Nervenklinik der Hansischen **Universität**, Hamburg 22, Eilbecktal.

300 Plätze. Die Klinik liegt im Gelände der Staatskrankenanstalt Friedrichsberg. Sie wurde am 1. 4. 1936 von der Anstalt Friedrichsberg abgetrennt, hat eigene Verwaltung und untersteht der Kultur- und Schulbehörde Hamburg, Hochschulwesen. Ärzte: Direktor: m. d. W. d. G. b.: Prof. Dr. *Hans Bürger-Prinz*, leitender Oberarzt: Dr. *Riebeling*, serologische Abteilung, Oberärzte i. V.: Dr. *Glüh*, Frauenabteilung, Dr. *Dörries*, Männerabteilung und Poliklinik. 76 Pfleger, 72 Schwestern. Geschlossene Anstalt mit offener Abteilung für Psychisch-Nervenkranke. Poliklinik.

2. **Universitäts**-Nervenklinik Hamburg 20. Krankenhaus Eppendorf.

Zahl der Kranken am 1. 1. 1936: 44 m., 57 w., Zugänge im Jahre 1936: 1323 m., 937 w., Abgänge: 1315 m., w. 949, darunter Todesfälle: 129 m., 93 w. 160 Plätze. 3 Verpflegklassen. Direktor Prof. Dr. *Pette*, Sek.-Arzt Dr. *Bodechtel*, Ass.-Ärzte: Dr. *Bingel*, Dr. *Voß*, Dr. *Paß*, Dr. *Janzen*, außerdem 5 Med. Praktikanten und 6 hospitierende Ärzte. 15 Pfleger, 30 Pflegerinnen. Offene Anstalt. Beratungsstelle für Nervenkranke und abnorme Kinder.

3. **Staatskrankenanstalt Hamburg-Friedrichsberg,** Eilbecktal.

115 ha. Zahl der Kranken am 1. 1. 1937: 1240 m., 1109 w., Zugänge im Vorjahre: 453 m., 552 w., Abgänge: 436 m., 426 w., darunter Todesfälle 71 m., 68 w. 2528 Plätze. Eine Verpflegklasse. Direktion: Verwaltungsdirektor Dr. *Hanko*. Ärzte: ltd. Oberarzt Prof. Dr. *Körtke* und Prof. Dr. *Rittershaus*, Abteilungsärzte: 6 (*Dres*, *Quickert*, *Schlippe*, *Lau*, *Saupe*, *Helms*), Ass. -Ärzte: 5 (*Dres*, *Knigge*, *Kerl*, *Lange*, *Künnemann*). 530 Pflegepersonal. Eröffnet 1892 als landwirtschaftliche Kolonie. Seit 1898 selbständige Anstalt für alle Arten von Geisteskranken: 2 Bewahrungs- (gesicherte) Häuser für gemeingefährliche Kranke mit zusammen 179 Plätzen. Geschlossene Anstalt.

4. **Alsterdorfer Anstalten.** Erziehungs- und Pflegeanstalten für Geistesschwache, Epileptische u. a. Geistesgebrechliche, Anstalten der Inneren Mission in **Hamburg,** Alsterdorferstr. 440.

14 ha, dazu 243 ha Gut Stegen. Zahl der Kranken am 1. 1. 1936: 819 m., 661 w., Zugänge im Vorjahr: 207 m., 182 w., Abgänge: 125 m., 143 w., darunter Todesfälle: 34 m., 30 w. Zahl der Plätze: 1600. 3 Verpflegklassen. Dir.: Pastor Friedrich Lensch; leitender Oberarzt: Dr. *Gerhard Kreyenberg*, Anstaltsärztin: Frau Dr. *Beckmann*, außerdem 1 Assistenzarzt, 1 Medizinalpraktikant und 1 Zahnarzt. Pfleger: 59 m., 101 w. 1863 von Pastor D. Dr. *Sengelmann* gegründet. Offene Anstalt mit geschlossenen Abteilungen.

5. **Eichenhain,** Privatklinik für Nerven- und Gemütskranke v. Dr. Arnold Lienau in **Hamburg,** Eichenstr. 34. Ebst. Hamburg-Eimsbüttel.

1 ha. Zahl der Kranken am 1. 1. 1936: 5 m., 17 w., Zahl der Zugänge im Jahr 1936: 34 m., 61 w., der Abgänge: 36 m., 59 w. 28 Plätze. 1 Verpflegklasse. Arzt: Dr. *Arnold Lienau.* 15 Pflegepersonen. Gründungsjahr 1901. Geschlossene Anstalt mit offener Abteilung.

6. **Trinkerheilstätte Hamburg-Farmsen** der Staatlichen Wohlfahrtsanstalten **Hamburg** in Hamburg-Farmsen, August Krogmannstr. 100. Ebst. Hamburg.

Zahl der Kranken am 1. 1. 1936: 31 m., Aufnahme im Jahr 1936: 53 m., Abgänge 52 m. Leiter: Direktor Steigerthal. Leitender Oberarzt: Dr. *Buchta.* 1 Fürsorger. Die Anstalt untersteht der Fürsorgebehörde Abt. IX, Trinkerfürsorge in Hamburg 8, Stechelhörn 12 III.

7. **Versorgungsheim Hamburg-Farmsen** siehe Seite 117.

Hamm siehe Blaukreuzhof

Harthek siehe Gaschwitz-Leipzig

Harzburg-Bad

Sanatorium „am Burgberg“, Klinische Heil- und Kuranstalt für physikalisch-diätetische Therapie, Lebensschulungsstätte für natürliche Lebens- und Heilweise.

90 Plätze. Gesamtleitung Dr. med. *Strünckmann*, Ärzte: Dr. *Hanns-Georg Würthle*, Hausärztin: Frau Dr. *Würthle-Reckziegel.* Wirtschaftliche Leitung: Direktor *Rohlmann.*

Hasenweiler (Württemberg, Donaukreis)

Zieglerstift Haslachmühle, Heilstätte für Alkoholkranke usw. Ebst. Ravensburg.

40 ha. Zahl der Kranken am 1. 1. 37: 27 m., Zugänge im Jahre 1936: 41 m., Abgänge: 46 m. 50 Plätze; 1 Verpflegklasse. Direktor Jakob Ziegler, Wilhelmsdorf; Hausvater: Joh. Köngeter, Missionar; Arzt Dr. med. *Theod. Liebendörfer.* 1906 gegründet. Offene Anstalt. Bekenntnis evangelisch, Aufnahme auch Andersgläubiger. Zusammenarbeit mit Blaukreuz und Guttemplerorden.

Hedemünden a. d. Werra

Sanatorium f. Nervenkranke. Ebst. Hedemünden a. d. Werra.

Das Sanatorium liegt in einem 400 Morgen großen Park. Zahl der Kranken am 1. 1. 1937: 6 m., 11 w., Zugänge im Vorjahr: 52 m., 62 w., Abgänge: 52 m., 60 w., darunter Todesfälle 2 w. 26 Plätze. 1 Verpflegklasse. Leiter: Nervenarzt Dr. med. *Fr. Brandt.* Personal 4. Offene Anstalt.

Heggbach (Kreis Biberach, Württemberg)

Pflegeanstalt **Heggbach** für Schwachsinnige, Epileptiker u. Psychopathen. Ebst. Maselheim (Linie Biberach-Ochsenhausen).

170 ha. Zahl der Kranken am 1. 1. 1937: 126 m., 171 w., Zugänge im Vorjahr: 22 m., 18 w., Abgänge: 15 m., 19 w., darunter Todesfälle: 11 m., 13 w. 300 Plätze. 1 Verpflegklasse. Leitender Arzt: Dr. *Ehmann*, Biberach. Pflegepersonal: 50 Schwestern, 2 Pfleger. Geschlossene Anstalt mit offener Abtl. Verwaltung: Congregation der barmherzigen Schwestern von Reude, O. A. Waldsee. Gründungsjahr 1887.

Kinderasyl siehe unter Ingerkingen.

Heidelberg (Baden)

1. Psychiatrisch-neurologische **Klinik** der **Universität.**

30 a. Zahl der Kranken am 1. 1. 37: 80 m., 84 w., Zahl der Zugänge im Vorjahr: 892 m., 705 w., der Abgänge 904 m., 691 w., darunter Todesfälle 12 m., 15 w. 214 Plätze. 3 Verpflegklassen. Ärzte: Direktor Prof. Dr. *Karl Schneider*, Oberarzt Dr. *Karl Müller*, Assistenten: Dr. *Hans Reichner*, Dr. *Josef Jäger*, Dr. *Paul Hagenjast*, Dr. *Karl Scheid*, Dr. *Karl Georg Doerr*, Dr. *Helmut Speer*, Dr. *Gustav Weiler*, Dr. *Wilhelm Himmelmann*, Dr. *Wilh. Höll*. Pflegepersonal: 54. Geschlossene Anstalt mit offener Abteilung in besonderem Gebäude. Beratungsstelle für psychische und nervöse Kranke in der Poliklinik. Histopathologisches Laboratorium.

2. Nervenabteilung d. **Rudolf Krehl**-Klinik am akademischen Krankenhaus **in Heidelberg.**

Zahl der Kranken am 1.1.1936: 16 m., 13 w., Zugänge im Jahre 1936: 593 m., 428 w., Abgänge: 578 m., 415 w., darunter Todesfälle 5 m., 2 w. Professor Dr. *v. Weizsäcker*, Leiter; Dr. *Sprockhoff*, Dr. *Christian*, Dr. *Ansorge*. Offene Anstalt. Beratungsstelle für Nervenkranke und Neurosen.

Heppenheim a. d. B. (Hessen)

Landes-Heil- und Pflegeanstalt Heppenheim an der Bergstraße. Ebst. Heppenheim.

19 ha. Zahl der Kranken am 1. 1. 1937: 179 m., 219 w., Zugänge im Vorjahr: 72 m., 74 w., Abgänge: 70 m., 77 w., darunter Todesfälle: 7 m., 22 w. 400 Plätze. 3 Verpflegklassen. Ärzte: Direktor Ober-Med.-Rat Dr. *Schmeel*; Oberärzte: Med.-Rat Dr. *Schlapp*, Med.-Rat Dr. *Faust*; Ass.-Arzt: *Althaus*. 43 Pfleger, 49 Pflegerinnen. Gründungsjahr 1866. Von Heppenheim ging vor 50 Jahren unter Direktor *Georg Ludwig* die Hilfsvereinsbewegung aus. Psychiatr. Außendienst. Familienpflege. Geschlossene Anstalt.

Herborn (Dillkreis, Prov. Hessen-Nassau)

Landes-Heilanstalt. Ebst. Herborn.

140 ha. Zahl der Kranken am 1. 1. 1937: 613 m., 437 w., Zugänge im Vorjahre 283 m., 100 w., Abgänge 125 m., 100 w., darunter Todesfälle 23 m., 25 w. 1150 Plätze, 2 Verpflegklassen. Ärzte: Direktor Dr. *Paul Schiese*; Oberärzte: 1. Oberarzt und stellvertr. Direktor Dr. *William Altvater*; Dr. *Ernst Bindseil*, Dr. *Hilde Klonk*; Anstaltsarzt Dr. *Wichmann*. 68 Pfleger, 58 Pflegerinnen. Gründungsjahr 1911. Außenfürsorge, Familienpflege, Beratungsstelle für psych. und Nervenkranke. Geschlossene Anstalt mit offenen Abteilungen. Erbbiologische Abteilung.

Herford (Provinz Westfalen)

Elim, Heilstätte und Abstinenzschule für Alkoholkranke.

1,75 ha. 10 Plätze. 2 Verpflegklassen. Leitung: E. Wetters Witwe, Oskar Nielsen; Arzt: Dr. med. *Brücher*, Herford. 2 Pfleger. 1899 gegründet. Offene Anstalt.

Herrnprotsch siehe Breslau-Herrnprotsch

Herten (Baden, Bez. Freiburg i. Br.)

St. Josephsanstalt für Schwachsinnige u. Epileptische Ebst. Herten (Baden).

100 ha. Zahl der Kranken am 1. 1. 1937: 451 m., 396 w., Zugänge im Jahre 1936: 89 m., 71 w., Abgänge: 62 m., 41 w., darunter Todesfälle: 8 m., 10 w. 902 Plätze. 2 Verpflegklassen. Direktor Karl Vomstein; Anstaltsarzt Dr. *Engert* in Wyhlen (Amt Lörrach). Pflege und Erziehungspersonal: 45 m., 127 w. Halboffene Anstalt. Gegründet 1879. Heilpädagogische Unterrichts-Erziehungs- und Pflegeanstalt: 20 Spezialklassen; 334 Kinder.

Herxheim b. Landau (Reg.-Bez. Pfalz)

St. Paulusstift, Pflege- und Versorgungsanstalt für weibl. Kranke mit geistigen oder körperlichen Gebrechen. Ebst. Herxheim.

1600 qm. Zahl der Kranken am 1. 1. 1937: 1 m., 194 w., Zugänge im Vorjahr: — m., 44 w., Abgänge: 37 w., darunter Todesfälle: 15 w. 200 Plätze. 1 Verpflegklasse. Leitung: Kongregation der Schwestern vom hl. Paulus. Anstaltsarzt: Dr. *Otto Wieser*. 40 Pflegepersonal. Geschlossene Anstalt.

Hildburghausen (Thüringen)

Thüringische **Landes**-Heil- und Pflegeanstalt.

94 ha. Zahl der Kranken am 1. 1. 1937: 334 m., 330 w., Zugänge im Vorjahr: 124 m., 90 w., Abgänge: 124 m., 85 w., darunter Todesfälle: 26 m.,

9 w. 850 Plätze. 2 Verpflegklassen. Ärzte: Komm. Leiter: Dr. *Schottky*; stellvertr. Dir. Med.Rat. Dr. *Walter Brand*, Med. Rat Dr. *Ernst Müller*, Ass. Ärzte: Dr. *Fritz Häußer*, Dr. *Wilhelm Meyer-Kayser*, Dr. *Herbert Lorenz*, Dr. *Paul Klein*. 92 Pfleger, 85 Pflegerinnen. Gründungsjahr 1866. Familienpflege. Geschlossene Anstalt mit offenen Abteilungen.

Hildesheim (Provinz Hannover)

Landes-Heil- und Pflege-Anstalt. Ebst. Hildesheim.

107 ha. Zahl der Kranken am 1. 1. 1937: 557 m., 556 w., Zugänge: 1936: 231 m., 276 w., Abgänge 249 m., 266 w., darunter Todesfälle 43 m., 41 w. 1184 Plätze. 1 Verpflegungsklasse. Kostverbesserung kann gegen entsprechende Bezahlung gewährt werden (B-Kost 50 Pfg., A-Kost 1,50 RM.). Ärzte: Dr. *Hermann Grimme*, Landes-Ob.-Med. Rat und Direktor; Dr. *August Jacobi*, Landes-Med. Rat, Stellvertreter des Direktors; Oberärzte: Dr. *Felix Stüber*, Dr. *Walter König*; Hilfsärzte: Arzt *Erwin Niemeyer*, Dr. *Hermamm Bartels*, Dr. *Erwin Gebhardt*. 77 Pfleger, 69 Pflegerinnen. Gründungsjahr: 1827. Psychiatrischer Außendienst. Geschlossene Anstalt.

Hirsau (Württemberg)

Sanatorium für Nervenkranke. Ebst. Hirsau (Württemberg. Schwarzwald).

Zahl der Kranken am 1. 1. 1936: 5 m., 11 w., Zugänge im Jahre 1936: 96 m., 56 w., Abgänge: 94 m., 54 w., darunter Todesfälle 1 m., 1 w. Plätze: planmäßig 40 und überplanmäßig 10. 2 Verpflegklassen. Dr. *Hellmuth Römer*, Facharzt für innere Medizin, *Hermine v. Bentheim*, Hilfsärztin. 1 Pfleger, 2 Pflegerinnen. Offene Anstalt. Spezialbehandlung von Kranken mit Encephalitis und Paralysis agitans.

Hochweitzschen bei Westewitz a. d. Mulde (Sachsen)

Sächsische **Landes**-Heil- und Pflegeanstalt. Ebst. Westewitz-Hochweitzschen.

33 ha. Zahl der Kranken am 1. 1. 1937: 379 m., 471 w., Zugänge im Vorjahre 172 m., 197 w., Abgänge 176 m., 196 w., darunter Todesfälle 34 m., 45 w. 880 Plätze. 2 Verpflegklassen. Ärzte: Oberregierungs.-Med.-Rat Dir. Dr. *Xaver Nothaaß*, stellv. Dir.-Stelle z. Z. unbesetzt, Reg.-Med.-Räte: Dr. *Johannes Werner*, Dr. *Kurt Apitz*, Dr. *Bruno Grzeschiuchna*, Assistenzarzt Dr. *Albert Wagner*. 56 Pfleger, 2 Lernpfleger, 13 Wärter, 58 Schwestern, 1 Lernschwester, 43 weibl. Hilfspersonal, 20 Hausmädchen. Gründungsjahr 1874. Als Irrensiechenanstalt errichtet, seit 1889 Epileptikeranstalt, seit 1902 unter ärztlicher Leitung, seit 1928 Landesheil- und Pflegeanstalt, seit 1934 auch Trinkerheilanstalt für gemäß § 42c untergebrachte Alkoholiker.

Hofheim i. Taunus (Prov. Hessen-Nassau)

Sanatorium für Nervenkranke. Ebst. Hofheim.

2 Morgen. 40 Zimmer nur I. Klasse. Arzt u. Bes.: San.-Rat Dr. *Max Schulze-Kahleyss.* 1 Oberin und Privatschwestern. Gründungsjahr 1896. Grundsätzlich nur offene Anstalt.

Hohe Mark i. Ts. bei Oberursel, Prov. Hessen-Nassau

Kuranstalt für Nerven- und Gemütskranke. Ebst. Oberursel i. Ts.

125000 qm. Zahl der Kranken am 1. 1. 1937: 32 m., 98 w., Zugänge im Vorjahr 239 m., 458 w., Abgänge 241 m., 444 w. 146 Plätze. 1 Verpflegklasse. Besitzer: Deutscher Gemeinschafts-Diakonieverband Marburg-Lahn. Leitende Ärzte: Dr. *Alfred Lechler*, Dr. *Kurt Spangenberg*; Anstaltsarzt: Dr. *Arthur Mader*; Assistenzarzt: Dr. *Waldemar Hillebrand.* 22 Diakonissen, 7 Diakone. Gründungsjahr 1902. Offene und geschlossene Abteilung.

Hohenpeißenberg (Oberbayern)

Kurheim für Nervenkranke. Ebst. Hohenpeißenberg.

18 Morgen. Zugänge im Jahre 1936: 12 m., 52 w., Abgänge: 12 m., 52 w. 15 Plätze. 1 Verpflegklasse. Besitzer u. Leiter: Dr. *Engelhard Wychgram.* 1 Pflegerin. Offene Anstalt. Psychotherapie, Strahlungsklima. Das Kurheim liegt 1000 m über d. Meer.

Holnstein b. Berching (Niederbayern-Oberpfalz)

Unterrichts- und Pflegeanstalt „Mariahilf“ für weibliche Schwachsinnige. Ebst. Berching.

Zahl der Kranken am 1. 1. 1937: 162 w., Zugänge im Vorjahr 18 w., Abgänge 14 w., darunter Todesfälle 8. 170 Plätze. 1 Verpflegklasse. Direktor: Josef Höringer in Dillingen a. D. Anstaltsarzt: San.-Rat Dr. *Karl Engelberger* in Berching. 24 Pflegepersonal. Geschlossene Anstalt.

Homburg (Saar)

Psychiatrisch-Neurologische Abteilung der **Landes**-Krankenhäuser des Saargebietes. Ebst. Homburg-Saar.

10 Gebäude des Landeskrankenhauses. Zahl der Kranken am 1. 1. 1936: 116 m., 189 w., Zugänge im Jahre 1936: 822 m., 564 w., Abgänge 783 m., 514 w., darunter Todesfälle 42 m., 44 w. Ärzte: Chefarzt der Psychiatr.-Neurolog. Abt. u. stellvertr. Direktor der Landeskrankenhäuser Dr. med. *Heene*, Oberarzt Dr. *Leppien*, Assistenzärzte Dr. *Mattern*, Dr. *Uetees*, Dr. *v. Notz*, Volontärassistent Dr. *Lobeck*, Medizinalpraktikant Dr. *Banse.* 33 Pfleger, 39 Pflegerinnen. Geschlossene und offene Abtei-

lungen. Beratungsstelle für psychisch Kranke, Nervenkranke, Trunksüchtige, abnorme Kinder, psychiatrischer Außendienst, Familienpflege.

Schloß Horneck siehe Gundelsheim a. N.

Hoym (Anhalt)

Landessiechenanstalt. Post Hoym (Anhalt) über Aschersleben.

Am 1. 1. 1937: 560 Kranke, 261 m., 299 w. Bis 600 Plätze. 2 Verpflegklassen. Anstaltsarzt: z. Zt. unbesetzt. 11 Schwestern, 35 Pfleger. Gründungsjahr 1878. Geschlossene Anstalt mit offener Abteilung. (Früher Schloß der Anh. Bernb. Herzogslinie.)

Hub bei **Bühl** (Baden)

Pflegeanstalt der **Kreise** Karlsruhe und Baden-Baden für körperlich und geistig Gebrechliche. Post: Bühl (Baden), Station Ottersweiler.

78 ha. Zahl der Kranken am 1. 1. 1937: 379 m., 422 w., Zugänge 1936: 81 m., 66 w., Abgänge: 68 m., 64 w., darunter Todesfälle 38 m., 45 w. 820 Plätze. 1 Verpflegklasse. Direktor Kreisobermedizinalrat Dr. med. *Otto Gerke*. 74 Beamte und Angestellte, darunter 23 Wärter und 20 Wärterinnen. Gegründet 1874 in dem früheren Thermalbad Hub. Offene Anstalt.

Hubertusburg bei Wermsdorf (Sachsen)

Landes-Heil- und Pflegeanstalt. Ebst. Wermsdorf.

Zahl der Kranken am 1. 1. 1937: 495 m., 1007 w., Zugänge im Vorjahre 153 m., 392 w., Abgänge 136 m., 331 w., darunter Todesfälle 36 m., 54 w. 1509 Plätze. 2 Verpflegklassen. Ärzte: Direktor Oberregierungsmedizinalrat Dr. *Martin Weicksel*, Chefarzt, stellvertr. Dir. Oberregierungsmedizinalrat Dr. *Zeil*, Oberarzt, Abteilungsärzte: Regierungsmedizinalräte: Dr. *Krekeler*, Dr. *Walther*, Dr. *Kieme*, Dr. *Zeiler*; Assistenzärzte: Dr. *Wasum*, Dr. *Ehrentreich*, Dr. *Krätzschmar*, *Vogt*. 95 Pfleger, 100 Schwestern, 110 Krankenwärterinnen. 1720 bis 1742 als Jagdschloß erbaut. Der Friede von Hubertusburg (15. Februar 1763) beendete den Siebenjährigen Krieg. 1840 wurden die ersten Geisteskranken aufgenommen. 1870 Einrichtung der Anstaltsmeierei Reckwitz. Geschlossene Anstalt mit offener Abteilung. Erbbiologische Abteilung; psychiatrischer Außendienst.

Hutschdorf bei **Thurnau** (Bayern)

Trinkerheilstätte, Post Thurnau, Oberfranken.

35 Plätze f. Männer, 25 f. Frauen. Leiter: M. Dietsch. Arzt: San.-Rat Dr. *Pollmann*. Pflege: Diakonissen. Besitzer: Verein f. evang. Trinkerheilstätten (Blaues Kreuz). Beschäftigung in Landwirtschaft, Garten, Werkstätten; Frauen: häusliche Arbeiten.

Idstein im **Taunus** (Reg. Bez. Wiesbaden)

Privat-Heilerziehungsanstalt **Kalmenhof** für Schwachsinnige. Ebst.: Idstein i. Ts.

800 Morgen. Zahl der Kranken am 1. 1. 1937: 572 m., 249 w., Zugänge im Vorjahr: 134 m., 67 w., Abgänge: 96 m., 55 w., darunter Todesfälle: 10 m., 3 w. 850 Plätze. 3 Verpflegklassen. Direktor Ernst Müller. Anstaltsarzt z. Zt. unbesetzt. Assistenzärztin Frl. Dr. *Hughes*. Pflegepersonal mit Angestellten 130. Geschlossene Anstalt. Beratungsstelle, psychiatrischer Außendienst, Familienpflege.

Illenau bei **Achern** (Baden)

Bad. Heil- und Pflegeanstalt. Ebst. Achern, Baden.

48 ha. Zahl der Kranken am 1. 1. 1936: 330 m., 311 w., Zugänge 382 m., 429 w., Abgänge 345 m., 425 w., darunter Todesfälle 43 m., 32 w. 750 Plätze. 3 Verpflegungsklassen. Ärzte: Direktor Dr. *Hans Roemer*; Stellvertretrer: Med. Rat Dr. *Robert Hoffer*; Oberärzte: Direktor Dr. *Maximilian Thumm*, Med. Rat Dr. *Alfred Meyr*; Anstaltsärzte: Med. Rat Prof. Dr. *Egon Küppers*; Assistenzärzte: Dr. *Hanna Liguori*, Dr. *Harald Widenmayer*, Dr. *Richard Elste*, Dr. *Julius Achard*. 76 Pfleger, 50 Pflegerinnen, 13 Pflegeschülerinnen, 9 Hausmädchen. — Geschlossene Anstalt mit offenen Abteilungen für Erholungsbedürftige, Leichtkranke und Psychopathen der drei Verpflegungsklassen. Psychiatrischer Außendienst im Auftrag des Bad. Hilfsvereins für Nerven- und Gemütskranke. Serologisches und erbbiologisches Laboratorium. Außerdem wird die Trinkerheilstätte Renchen von Illenau aus fachärztlich geleitet. — Gegründet im Jahre 1842 von Roller, dem die Direktoren Hergt und Schüle zunächst folgten.

Ilten (Hannover)

Wahrendorff's Privat-Heil- und Pflegeanstalten. Ebst. Lehrte i. Hann.

250 ha. Zahl der Kranken am 1. 1. 1937: 703 m., 305 w., Zugänge im Vorjahr: 164 m., 188 w., Abgänge: 121 m., 119 w., darunter Todesfälle: 29 m., 10 w. Plätze 100 I. u. II., 900 III. Kl. 3 Verpflegklassen. Ärzte: Prof. Dr. med. *Willige*, ärztlicher Leiter; Dr. med. *Nieper*, Dr. med. *Simon*, Oberärzte; Dr. med. *Krüger*, Frau Dr. med. *Nieper*, Assistenzärzte. 200 Pflegepersonal. Geschlossene, halboffene und offene Abteilungen. Familienpflege (etwa 150—800 Plätze).

Immerath Kr. Erkelenz, Rheinprovinz)

Haus Nazareth, Anstalt der Töchter v. hl. Kreuz für kath. weibliche Epileptische (Mädchen und Kinder).

Bestand am 1. 1. 1937: 178 w., Zugänge im Vorjahre 6 w., Abgänge: 6 w., darunter Todesfälle 3 w. 180 Plätze. 1 Verpflegklasse. 24 Schwestern. 8 weltl. Pflegerinnen.

Ingerkingen (O.-A. Biberach, Württemberg)

Kinderasyl zur Verpflegung idiotischer und epileptischer Kinder. Ebst. Schemmerberg.

1 ha. Zahl der Kranken am 1.1.1936: 49 m., 34 w., Zugänge im Jahre 1936 7 m., 5 w., Abgänge: 3 m., 3 w., darunter 1 Todesfall (w.). 1 Verpflegklasse. Hausarzt: Dr. med. *Ehmann*, Biberach. Vorstand: Schwester Oberin Bertranda Lerner. 15 Schwestern. Gegründet 1912.

Isenwald siehe Gifhorn

Jannowitz (Riesengeb. Reg.-Bez. Liegnitz)

Spezialkuranstalt für Nerven-, innere und Stoffwechselkranke. Ebst. Jannowitz, Riesengeb.

38 Morgen. Zahl der Kranken am 1. 1. 1937: 5 m., 15 w., Zugänge im Vorjahr: 137 m., 189 w., Abgänge: 138 m., 182 w., darunter Todesfälle 4 m., 2 w. 42 Plätze. 1 Verpflegklasse. Besitzer und leitende Ärzte, Dr. *Fritz Gehrmann*, Dr. *Carl Dietsch*. Offene Anstalt.

Jauer (Bez. Liegnitz)

1. Privat-Heil- und Pflegeanstalt für geisteskranke Männer. Ebst. Jauer, Katzbachgeb.

2,88 ha. Zahl der Kranken am 1. 1. 1937: 86 m., Zugänge im Vorjahre 12 m., Abgänge 11 m., darunter Todesfälle 8 m. 87 Plätze. Leitender Arzt: Sanitätsrat Dr. *Besdziek*. Verwaltungschef: Bankdirektor i. R. Häusler. 11 Pflegepersonal. Geschlossene Anstalt mit offener Abteilung. Die Anstalt wird mit ablaufenden Fällen der Schles. Provinzial- Heil- und Pflegeanstalten belegt. Aufnahme nur über Provinzialverwaltung in Breslau.

2. Heilstätte **Parksanatorium Jauer** für Trinkerinnen.

8 Plätze. 2 Verpflegklassen. Leiterin: Diakonissin Schwester A. Weitze. Leitender Arzt: Sanitätsrat Dr. *Besdziek*. 2 Pflegerinnen. Offene Anstalt. Besitzer: Evang. Verein für schlesische Trinkerheilstätte Jauer.

Jena (Thüringen)

1. Psychiatrische und Nervenklinik der **Universität.**

6 ha. Zahl der Kranken am 1. 1. 1937: 126 m., 120 w., Zugänge im Vorjahr 1281 m., 897 w., Abgänge 1259 m., 892 w., darunter Todesfälle 87 m., 59 w. 250 Plätze. 3 Verpflegklassen. Ärzte: Direktor Prof. Dr. *Hans Berger*; Oberarzt: Dozent Dr. med. habil. *Rudolf Lemke*; Assistenzärzte: Dr. *Rudolf Wicke*, Dr. *Paul Schwochow*, Dr. *Walter Schulte*, Dr. *Kurt Müller*, Dr. *Fritz Wawrzik*, Dr. *Werner Lembcke*; a. O. Assistenzärzte: Dr. *Hans-Joachim Plath*, Dr. *Heinrich Böll*, Dr. *Heinrich Eilsberger*, Dr. *Karl-Heinz Wirtz*; Med.-Prakt. Dr. *Drechsler*. 53 Pfleger, 5 Schwestern, 63 Pflegerinnen.

Gegründet 1879. Beratungsstelle, Poliklinik. Geschlossene Anstalt mit offener Abteilung.

2. **Jena-Sophienhöhe. Trüpers** Jugendheime.

30 ha. 1. 1. 37: 96 Zöglinge, davon 22 Mädchen, Zugänge im Vorjahr: 35, Abgänge 30. 110 Plätze. Erziehungsleitung: Dr. *Eyferth*, Dr. *Trüper*. Ärzte: Prof. Dr. *Ibrahim*, Kinderarzt, Prof. Dr. *Kihn*, Psychiater. 1 Oberschwester. 20 Lehrer und Erzieher. 1 Orthopädin. Gegründet 1890 als heilpädagogische Anstalt für Jungen und Mädchen von 5 bis 20 Jahren.

Jerichow a. d. Elbe (Provinz Sachsen)

Landesheilanstalt. Ebst. A. Jerichow.

31 ha. Zahl der Kranken am 1. 1. 1937: 444 m., 471 w. (einschl. 188 Familienpfleglinge), Zugänge im Vorjahr: 80 m., 108 w., Abgänge: 87 m., 94 w., darunter Todesfälle: 29 m., 24 w. 660 Anstalts- und 230 Plätze für Familienpfleglinge. 1 Verpflegklasse. Ärzte: Direktor Prov. Obermed. Rat Dr. *Karl Tietze*, stellv. Direktor Prov. Obermed. Rat Dr. *Julius Bauer*, Prov. Med. Räte: Dr. *Karl Vieten*, Dr. *Eberhard Matthias*, Assistenzarzt: Dr. *Hans Joachim Peters*. Gegründet 1900 nach Alt's Plänen als Landesasyl zur Einführung der Familienpflege.

Jestetten (Bez. Konstanz, Baden)

Kreis-Pflegeanstalt für Hilfsbedürftige beiderlei Geschlechts. Ebst. Jestetten, Schweiz. Bundesbahn.

Ca. 1 ha, 80 ar. Zahl der Kranken am 1. 1. 1937: 135 m., 125 w., Zugänge im Vorjahr: 34 m., 19 w., Abgänge: 40 m., 15 w., darunter Todesfälle: 14 m., 7 w. 270 Plätze. 2 Verpflegklassen. Anstaltsdirektor: Kreismedizinalrat Dr. med. *Max Lichtenberger*. 8 Schwestern, 2 Wärter. Offene Anstalt.

Johannesbrunn (Schalkham) Reg.-Bez. Niederbarnim-Oberpfalz

Versorgungsheim der **barmherzigen Brüder** für körperlich und geistig Gebrechliche. Ebst. Vilsbiburg, Post Gerzen.

200 Tgw. Zahl der Kranken am 1. 1. 1937: 153 m., Zugänge im Vorjahr: 40 m, Abgänge: 33 m, darunter Todesfälle: 17 m. 158 Plätze. 1 Verpflegklasse. Anstaltsvorstand: Fr. Gelasius Mußinger; Anstaltsarzt: Dr. *Franz Kastl*. 13 Pflegepersonal. Geschlossene Anstalt mit offener Abteilung.

Johannesheim, Kreis Augsburg siehe Meitingen

Johannesheim (Kr. Gleiwitz)

siehe Buchenlust und siehe Gleiwitz

St. Kamillushaus siehe Essen 5

Kamenz, Kr. **Frankenstein** (Prov. Schlesien)

Abteilung für weibl. Geisteskranke im **St. Josephstift,** Ordensanstalt der Borromäerinnen.

1937: 200 Plätze. Oberin: Schwester Clementia Gröschel. Anstaltsarzt: Dr. *Georg Faulhaber.*

Karlshof siehe Lauterhofen

Karlsruhe (Schl.) siehe **Carlsruhe** (Schl.).

Kassel (Prov. Hessen-Nassau)

Karlshospital, Aufnahme- und Durchgangsanstalt für Geisteskranke, Trinker und Asoziale. Ebst. Kassel.

Zahl der Kranken am 1. 1. 1937: 35 m., 21 w., Zugänge im Vorjahr: 634 m., 272 w., Abgänge: 625 m., 272 w., darunter Todesfälle: 4 m. 60 Plätze. 1 Verpflegklasse. Leiter: Stadtverwaltungsrat Harms. Die ärztl. Betreuung wird durch einen Arzt des Stadtgesundheitsamtes Kassel durchgeführt. 6 Pflegepersonal. Geschlossene Abteilungen. Dem Hospital ist eine besondere Abteilung für Alkoholkranke angeschlossen.

Kassel-Niederzwehren siehe Neuemühle

Kassel-Wilhelmshöhe

Kurhaus Dr. **Rohrbach,** klinisches Sanatorium für Nerven- und innere Leiden.

10000 qm. Zahl der Kranken am 1. 1. 1936: 5 m., 5 w., Zugänge im Jahre 1936: 62 m., 142 w., Abgänge: 65 m., 143 w., darunter Todesfälle: — m, 3 w. 50 Plätze. 3 Verpflegklassen. Leitender Arzt: Dr. med. *Wilh. Rohrbach.* 2 Pfleger, 3 Pflegerinnen. Offene Anstalt. Klinisches Diätsanatorium und Kneippkuranstalt.

Katscher (Oberschlesien, Kreis Leobschütz)

Kanonikus Ulbrich'sches Krankenhaus mit geschlossener Abteilung für weibliche Irrensieche und Alterssieche. Ebst. Katscher O.-S.

Zahl der Kranken am 1. 1. 1937: 31 m., 65 w., Zugänge im Vorjahr: 25 m., 17 w., Abgänge: 23 m., 19 w., darunter Todesfälle: 2 m., 5 w. 50 Plätze. 3 Verpflegklassen. Vorsitzender des Kuratoriums: Konsistorialrat Pfarrer Emil Komarek; leitender Arzt: Sanitätsrat Dr. *Heinrich Luczny.* 8 graue Schwestern v. d. hl. Elisabeth Mutterhaus Breslau. Ambulante Krankenpflege und Kindergarten.

Katzenelnbogen im Taunus (Provinz Hessen-Nassau)

Sanatorium für Nerven- und Gemütskranke. Ebst. Katzenelnbogen.

Größe 1,50 ha. Zahl der Kranken am 1. 1. 1937: 16 m., 113 w., Zugänge im Vorjahr: 23 m., 51 w., Abgänge: 19 m., 54 w., darunter Todesfälle: 1 m., 12 w. 135 Plätze. 3 Verpflegungsklassen. Ärzte: Dr. *Otto Wolff*, Nervenarzt, Dr. *J. Wolff-Lühr*, Nervenärztin. 14 Pfleger und Pflegerinnen. Gegr. 1872. In Heim- und Familienpflege 125 Patienten. Geschlossene Anstalt mit offenen Abteilungen.

Kaufbeuren-Irsee (Kr. Schwaben)

Kreis-Heil- und Pflegeanstalt für Geisteskranke. Ebst. Kaufbeuren.

68 ha. 1137 Plätze. Zahl der Kranken am 1. 1. 1937: 1118, Zugänge im Vorjahr: 461. 3 Verpflegklassen. Ärzte: Direktor: Obermedizinalrat Dr. *Valentin Faltlhauser*, Medizinalräte I. Klasse: Dr. *Albert Rösch*, Dr. *Ernst Ottmann*, Dr. *Max Maier*, letzterer in Irsee, Oberärzte: Medizinalrat I. Kl. Dr. *Wilhelm Lenhart*, Dr. *Lothar Gärtner*, Dr. *Heinrich Salm*, Hilfsarzt Dr. *Hans Erich Schulz*, Arzt für Erb- und Rassenpflege. 92 Pfleger, 99 Pflegerinnen, davon 21 Ordensschwestern in Irsee. Gründungsjahr der Hauptanstalt Kaufbeuren: 1876, der Nebenanstalt Irsee 1849.

Kennenburg bei Esslingen a. N. (Württemberg)

Privatklinik für Nerven- und Gemütskranke, Süchtige und Psychopathen. Post Kennenburg über Esslingen (Neckar).

5 ha. 3 Häuser. Bestand am 1.1.1937: 25 m., 26 w; aufgenommen im Vorjahr: 68 m., 70 w., entlassen: 70 m., 71 w., darunter gestorben: 4 m., 8 w. Besitzer und leitender Arzt: Sanitätsrat Dr. *Reinhold Krauß*, 2. Arzt: Dr. *Paul Krauß*, Assistenzarzt: Dr. Hans *Fuhry*. Gegründet 1840 als Kaltwasserheilanstalt, mehrfach umgebaut und erweitert, den neuzeitlichen psychiatrischen Bedürfnissen angepaßt.

Kerpen (Regb. Köln, Rheinprovinz)

Anstalt für weibliche Schwachsinnige **St. Vinzenzhaus.**

175 Plätze. Eröffnet im Jahre 1893. Ebst. Kerpen.

Ketschendorf a. d. **Spree** (Prov. Brandenburg)

Bethanien, Erziehungs- und Pflegeanstalt für Geistesschwache und Epileptiker, Zweiganstalt der Samariter-Anstalten Fürstenwalde a. d. Spree. Ebst. Fürstenwalde.

Zahl der Kranken am 1. 1. 1937: 82 m., 109 w., der Zugänge im Jahr 1936: 69 m., 46 w., der Abgänge: 18 m., 20 w., darunter Todesfälle: 5 m., 7 w. 250 Plätze. 1 Verpflegklasse. Direktor: Pastor Friedrich Karl Hoffmann; Arzt: San.-Rat Dr. *Hans Hilschenz* in Fürstenwalde/Spree. 7 m., 13 w. Pflegepersonen. Gründungsjahr 1892.

Kiedrich (Rheingau), Prov. Hessen-Nassau

St. Valentinushaus, Privatanstalt für weibliche Epileptiker, Geistesschwache und Geisteskranke. Ebst. Eltville a. Rh.

7 ha. Zahl der Kranken am 1. 1. 1937: 383 w., Zugänge im Vorjahr 19, Abgänge 17, darunter Todesfälle 11. 390 Plätze. 3 Verpflegungsklassen. Leitender Arzt: Dr. *Johannes Bartscher*. 42 Schwestern. Gründungsjahr 1886. Geschlossene Anstalt.

Kiel

Psychiatrische und Nervenklinik der Universität.

4 ha. Zahl der Kranken am 1. 1. 1937: 65 m., 55 w., Zugänge im Vorjahr: 1134 m., 850 w., Abgänge: 1146 m., 865 w., darunter Todesfälle: 36 m., 45 w. 180 Plätze. 3 Verpflegklassen. Ärzte: Direktor Prof. Dr. *Georg Stertz*; Oberarzt: Prof. Dr. *Ernst Braun*, z. Zt. beurlaubt nach Rostock; Assistenzärzte: Dr. *Karl Küppers*, Dr. *Edmund Christiani*, Dr. *Ilse Antoni*, Dr. *Fritjof Hager*, Dr. *Katharine Merkelbach*, Dr. *Heinrich Glandorf*; 4 Medizinalpraktikanten. 75 Pflegepersonal. Offene und geschlossene Abteilungen. Gründungsjahr 1901. Psychiatrischer Außendienst, Familienpflege, Beratungsstelle für psychisch und Nervenkranke bes. f. Jugendliche; poliklinische Sprechstunde.

Klaistow siehe Seite 118

Kleinen-Bad (Mecklenburg)

Nervenklinik und Heilstätte Bad Kleinen für Nervenkranke und Rekonvaleszenten. Ebst. Bad Kleinen.

6000 qm. 21 Plätze, belegt am 1. 1. 37 mit 8 Pat. 1936: Zugänge 226, Abgänge: 220. 2 Verpflegungsklassen. Zugelassen zu den RVO und Mittelstandskassen. Leitender Arzt: Dr. *Reid*, Nervenarzt. 2 Schwestern, 1 Diätköchin. Offene Anstalt.

Klein-Wachau b. Radeberg (Bez. Dresden)

Heil- und Pflegeanstalt für Epileptische. Ebst. Radeberg.

17 ha. Zahl der Kranken am 1. 1. 1937: 42 m., 57 w., Zugänge im Vorjahr: 14 m., 12 w., Abgänge: 6 m., 12 w., darunter Todesfälle: 1 m., 1 w. 120 Plätze. 1 Verpflegklasse. Besitzer der Anstalt: Landesverein für Innere Mission der ev. luth. Kirche in Sachsen, Dresden A 1, Ferdinandstr. 16 II. Betriebsführer: Pfarrer Dr. Schadeberg, Dresden- A1, Ferdinandstr. 16. Leitender Arzt: Dr. med. *Gampe*. 25 Pflegepersonal. Geschlossene Anstalt mit offener Abteilung.

Klingenmünster (Rheinpfalz, Bayern)

Kreis-Heil- und Pflegeanstalt.

70 ha. Zahl der Kranken am 1. Januar 1936: 555 m., 523 w., Zugänge im Vorjahr 149 m., 154 w., Abgänge 145 m., 157 w., darunter Todesfälle 27 m., 27 w. 1150 Plätze. 2 Verpflegklassen. Ärzte: Direktor Dr. *Gottfried Edenhofer* Obermedizinalrat, stellv. Dir. Dr. *Ludwig*; Dr. *Heinrich Schmidt* Medizinalrat I. Kl. Dr. *Wilhelm Kolkmann* Oberarzt, Dr. *Christiane Brock* Oberärztin, Dr. *Fritz Baldauf* Assistenzarzt, Dr. *Hellmut Dürr* Assistenzarzt.

Pflegepersonal: 87 m., 81 w. Gegründet 1857. Psychiatrischer Außendienst, Familienpflege, Beratungsstellen. Geschlossene Anstalt mit offenen Abteilungen.

Kochem siehe Cochem

Köln-Lindenthal

1. Psychiatrische und Nervenklinik der **Universität Köln.**

Zahl der Kranken am 1. 1. 37: 47 m., 39 w., Zugänge im Jahre 1936: 1964 m., 1349 w., Abgänge: 1911 m., 1310 w., darunter Todesfälle: 53 m., 39 w. 153 Plätze. 3 Verpflegklassen. Ärzte: Direktor Prof. Dr. med. *Max de Crinis;* Oberarzt Dr. med. habil. *Hermann Stefan*; Assistenzärzte: Dr. *Konrad Falkenberg*, Dr. *Kurt Cüppers*, Dr. *Günther Hänsel*, Dr. *Günther Schmidmann*, Dr. *Edgar Schorre*, Dr. *Helmut Selbach*, Dr. *Geo Teufel*, Dr. *Friedr. Wilhelm Schimmelpfennig*, Vol.-Arzt: Dr. *Mehring*. 1 Sekretärin, 1 Oberin, 3 Labor.-Assistentinnen. 18 Pfleger, 26 Pflegerinnen. Eröffnet 1908. Vorher städtische Irrenanstalt auf demselben Gelände. Die „Städtische Fürsorgestelle für Nervöse", deren Sprechstunden im Bürger-Hospital stattfinden, wird von Ärzten der Klinik versorgt. Außerdem in der Klinik täglich 11—12 Uhr Poliklinik. Geschlossene Anstalt.

2. Psychiatrische Beobachtungsabteilung beim **Gefängnis Köln.**

Zur Beobachtung männlicher Strafgefangener auf Nerven- und Geisteskrankheiten und Feststellung ihrer Strafvollzugsfähigkeit, sowie von Untersuchungshäftlingen (mit Genehmigung des Richters). Leitender Arzt: Strafanstaltsmedizinalrat Dr. *Kazz*, 1 Assistenzarzt. Zahl der zu Beobachtenden am 1. 1. 1937: 30 m., Zugänge im Jahre 1936: 135 m., Abgänge: 125 m., davon verstorben 1. 34 Plätze für Männer. 8 Pfleger. Geschlossene Abteilung.

Königsberg i. Pr. (Provinz Ostpreußen)

1. Psychiatrische und Nervenklinik der **Universität.**

26525 qm. Zahl der Kranken am 1. 1. 1937: 55 m., 44 w., Zugänge im Vorjahr 1401 m., 802 w., Abgänge 1214 m., 910 w., darunter Todesfälle 38 m., 42 w. 130 Plätze. 3 Verpflegungsklassen. Ärzte: Direktor Prof. Dr. *August Bostroem*; Oberarzt: Dr. *Artur von der Heydt*; Assistenten: Dr. *Hempel*, Dr. *Janz*, Dr. *Ohm*, Dr. *Teske*, Dr. *Voss*. 25 Pfleger, 44 Pflegerinnen, 7 Schwestern. Gründungsjahr 1913. Poliklinische Sprechstunde, Jahresfrequenz 810. Geschlossene Anstalt mit offenen Abteilungen.

2. Dem Krankenhaus v. Roten Kreuz angegliederte Hirnverletztenstation der N. S. K. O. V.

Zahl der Kranken am 1. 1. 1936: 7 m., 1 w., Zugänge im Jahre 1936: 120 m., 66 w., Abgänge: 119 m., 60 w., darunter Todesfälle: 3 m., 2 w. 16—20 Plätze. 3 Verpflegklassen. Leiter: Dr. med. *Johannes Paul*, Nervenarzt. 1 Pfleger, 5 Pflegerinnen. Offene Anstalt. In der Station sind vorwiegend organisch Nervenkranke und solche mit Kopf- und Hirnbeschädigungen.

Königslutter (Braunschweig)

Landes-Heil- und Pflegeanstalt. Ebst. Königslutter.

400 Morgen. Zahl der Kranken am 1. 1. 1936: 321 m., 361 w. Zugänge im Jahr 1936: 131 m., 154 w., Abgänge: 141 m., 121 w., darunter Todesfälle: 51 m., 45 w. 680 Plätze. 3 Verpflegklassen. Ärzte: Anstaltsdirektor Obermedizinalrat Dr. *Ernst Grütter*, Oberarzt: Medizinalrat Dr. *Curt Schlüter*, Anstaltsärzte: Medizinalrat Dr. *Curt Magunna*, Medizinalrat Dr. *Robert Müller*, Medizinalrat Dr. *Conrad Haberland*, 1 Assistenzarzt. 54 Pfleger. 71 Pflegerinnen. Gründungsjahr 1865. Als Korridorbau auf dem Boden des Klosters Königslutter errichtet, später im Villenbau erweitert. Geschlossene Anstalt mit offenen Abteilungen. Familienpflege, psychiatrischer Außendienst.

Königstein (Taunus)

1. Sanatorium Dr. **Amelung** für innere und Nervenkrankheiten. Ebst. Königstein (Taunus).

Ärzte: Sanitätsrat Dr. med. *Hengo Amelung*, Besitzer der Anstalt, Dr. med. *Walther Amelung*, Facharzt für innere Krankheiten, Dr. med. *Armin Brandt*, Facharzt für Nervenkrankheiten. 1 Verpflegklasse. Offene Anstalt.

2. Sanatorium Dr. **Kohnstamm** für Nerven- und innere Erkrankungen. Ebst. Königstein (Taunus).

20000 qm. Zahl der Kranken am 1. 1. 1937: 23 m., 11 w., Zugänge im Vorjahr: 165 m., 191 w., Abgänge: 161 m., 194 w., darunter Todesfälle: 1 m., 1 w. 36 Plätze. 1 Verpflegklasse. Wirtschaftliche Leitung: Dr. B. Spinak; leitender Arzt: Dr. *M. Friedemann*, Dr. *H. Weiß*. 4 Pflegepersonal. Offene Anstalt. Diätkuren.

Konstanz a. **Bodensee** (Baden)

Badische **staatliche** Heil- und Pflegeanstalt bei Konstanz. Ebst. Reichenau am Bodensee.

85 ha. Zahl der Kranken am 1. 1. 1937: 345 m., 398 w., Zugänge im Vorjahr 240 m., 210 w., Abgänge 198 m., 173 w., darunter Todesfälle 22 m., 32 w. 825 Plätze. 3 Verpflegungsklassen. Ärzte: Direktor Dr. med. *Arthur Kuhn*; stellvertretender Direktor: Dr. med. *Albert Kühne*, Medizinalrat; Anstaltsoberarzt Dr. med. *Hermann Zwilling*, Medizinalrat; Anstaltsarzt Dr. med. *Gustav Ehrismann*, Medizinalrat; Assistenzarzt Dr. med. *Erich Fischer.*; Assistenzarzt Dr. med. *Georg Höhn*. Eröffnungsjahr 1913. Beratungsstelle für psychisch und Nervenkranke in der Anstalt. Geschlossene Anstalt mit offener Abteilung. An der Anstalt ist ein serologisches Untersuchungsinstitut, das nicht nur die Anstalt, sondern auch die praktischen Ärzte und Krankenhäuser des badischen Seekreises bedient.

Kork bei **Kehl** (Baden)

Heil- und Pflegeanstalt für Epileptische. Ebst. Kork.

6—7 ha. Zahl der Kranken am 1. 1. 1937: 122 m., 142 w., Zugänge 1936: 28 m., 22 w., Abgänge 17 m., 18 w., darunter Todesfälle: 4 m., 7 w. 270 Plätze. 3 Verpflegklassen. Direktor: Missionar Karl Stolz. Anstaltsarzt: Dr. med. *Heinrich Wiederkehr*. 3 Pfleger, 40 Schwestern. Gründungsjahr 1892. Offene Anstalt.

Kortau b. **Allenstein** (Prov. Ostpreußen)

Prov.-Heil- und Pflegeanstalt. Ebst. Allenstein.

265 ha. Zahl der Kranken am 1. 1. 36: 601 m., 834 w., Zugänge: im Jahre 1936: 222 m., 211 w., Abgänge: 191 m., 219 w., darunter Todesfälle: 30 m., 68 w. 1400 Plätze. 2 Verpflegklassen. Direktor: Dr. *Kurt Hauptmann*; Oberärzte: Dr. *Arthur Powels*, Dr. *Heinrich Schröder*, *Robert Rakutz*, Dr. *Reinhold Buldmann*; Anstaltsärzte: Dr. *Heinrich Niklas*, Dr. *Hans Schmidt*, Dr. *Erich Aleite*. 121 Pfleger, 106 Pflegerinnen. Beratungsstelle für psychisch Kranke, Nervenkranke, Trunksüchtige und abnorme Kinder. Geschlossene Anstalt mit offener Abteilung. Familienpflege. Gründungsjahr 1886.

Kranstädt (Krs. Ratibor)

St. Augustuskranken- und Siechenhaus für Geisteskranke, Epileptiker und innere Kranke. Ebst. Kranstädt O.-S.

76 a. Zahl der Kranken am 1. 1. 1937: 15 m., 30 w., Zugänge im Vorjahr: 16 m., 27 w., Abgänge: 14 m., 29 w., darunter Todesfälle: 4 m., 12 w. 53 Plätze. 2 Verpflegklassen. Anstaltsarzt: prakt. Arzt: Dr. *Kornke*. 7 Pflegepersonal. (Säuglingsberatungsstelle und Gemeindepflegestation).

Kraschnitz (Kreis Militsch, Prov. Niederschlesien)

Deutsches Samariter-**Ordensstift**. Heil- und Pflegeanstalt für Geisteskranke, Schwachsinnige und Epileptiker. Ebst. Kraschnitz. Angeschlossen ist eine Krankenhausabteilung für innere und Nervenkranke.

Eigentliches Anstaltsgelände: 4,54 ha. Zahl der Kranken am 1. 1. 1937: 307 m., 470 w., Zugänge im Jahr 1936: 115 m., 177 w., Abgänge: 109 m., 163 w., darunter Todesfälle: 13 m., 12 w. 770 Plätze. 3 Verpflegungsklassen. Ärzte: Chefarzt Dr. Dr. *W. Straube* des deutschen Samariterstiftes, Abteilungsärzte: Dr. v. *Staff*, Dr. *Freudenbus*, Assistenzärzte: Dr. *Polzfuß*, Dr. *Fischer*. Geschlossene Anstalt mit offener Abteilung. Familienpflege geplant. 34 Pfleger. 48 Schwestern, Gründungsjahr 1860. Stifter: Adelberdt Graf von der Recke-Volmerstein. Arbeitsgemeinschaft mit evangelischem Diakonissen-Mutterhaus und Erster Schlesischer Diakonenanstalt in Kraschnitz.

Krautheim a. d. **Jagst** (Baden)

Kreispflegeanstalt. Ebst. Krautheim (von Boxberg, Osterburken m. Postauto erreichbar).

Zahl der Kranken am 1. 1. 1936: 78 m., 39 w., Zugänge im Jahre 1936: 23 m., 19 w., Abgänge: 22 m., 3 w., darunter Todesfälle: 5 m., 2 w. 140 Plätze. 1 Verpflegklasse. Leiter: Dr. *Rieß*, Krautheim a. d. Jagst. 9 Pflegerinnen. Geschlossene Anstalt mit offener Abteilung.

Krefeld-Königshof (Reg.Bez. Düsseldorf)

1. Heil- und Pflegeanstalt **Dreifaltigkeitskloster** für weibl. Nerven- und Gemütskranke.

70000 qm. Zahl der Kranken am 1. 1. 37: 497, Zahl der Zugänge im Vorjahre 309, der Abgänge 304, davon Todesfälle 93. 500 Plätze, 3 Verpflegungsklassen. Ärzte: Leitender Arzt Dr. *Ewald Kirch*, 2. Arzt Dr. *J. Wolfers*, Assistenzärztin Dr. *G. Franken*. 47 Ordensschwestern, 21 weltliche Pflegerinnen, 21 weibliche Hilfskräfte, 15 männliche Angestellte. Gegründet 1895 von der Genossenschaft der Augustinerinnen in Neuß. Geschlossene Anstalt mit offener Abteilung. Alle Formen neuzeitlicher Therapie.

2. **Alexianer-** Heil- und Pflegeanstalt für männliche Geistes- und Nervenkranke.

80 Morgen. Zahl der Kranken am 1. 1. 36: 295 m., im Vorjahr Zahl der Zugänge 131 m., der Abgänge 134 m., darunter 29 Todesfälle. 300 Plätze. 2 Verpflegklassen. Leitender Arzt: Nervenarzt Dr. *Moritz Wahn*, 1 Assistenzarzt. 30 Alexianerbrüder, 5 weltliche Pfleger. Gegründet 1870. Beratungsstelle für psychisch und Nervenkranke. Geschlossene Anstalt mit offener Abteilung.

Dorf **Kreuth** (Tegernsee)

Waldsanatorium Dr. May für Basedow-Kranke (Luft-Kurort und Schwefelbad) in Dorf Kreuth (Oberbayern). Ebst. Tegernsee.

Zahl der Kranken am 1. 1. 1937: 14 m., 30 w., Zugänge im Jahr 1936: 298 m., 519 w., Abgänge 296 m., 516 w., darunter 1 m. Todesfall. Ärzte: Sanitätsrat Dr. *Wilhelm May*, Assistenzarzt Dr. *Ernst Adam*, Medizinalpraktikant *Georg Schneider*. 95 Plätze. Pflegepersonal 5. Fluortherapie des Morbus Basedow, außerdem alle Arten medizinische Bäder, Heilgymnastik, elektrische Behandlung (Röntgen nur diagnostisch). 850 m. u. d. M.

Kreuzburg (Oberschlesien)

1. **Marienheim,** Heim für nerven- und gemütskranke Frauen. Ebst. Kreuzburg O.-S.

Zahl der Kranken am 1. 1. 1937: 31 w., Zugänge im Vorjahr: 22 w., Abgänge: 25 w., darunter Todesfälle 3 w. 37 Plätze. 2 Verpflegklassen. Leitender Arzt Sanitätsrat Dr. *J. Bresler*. 8 Diakonissen. Die Anstalt ist Eigentum des Diakonissenmutterhauses Bethanien (Vorsteher Pastor Steinwachs).

2. **Landes**heilanstalt **Nietleben** in Kreuzburg O.-S.

Zahl der Kranken am 1. 1. 1937: 314 m., 261 w., Zugänge im Vorjahr: 27 m., 4 w., Todesfälle: 15 m., 8 w. 595 Plätze. 1 Verpflegklasse. Direktor: Provinzial-Obermedizinalrat Dr. *Krüger*; Ärzte: Prov.-Med.-Rat Dr. *Behncke*, Prov. Med.-Rat Dr. *Ziegelroth*. 57 Pfleger, 48 Pflegerinnen. Geschlossene Anstalt. — In dem 1776—1779 von Friedrich dem Großen erbauten Armenhaus wurde 1873 die Provinzial-Irrenanstalt Kreuzburg in Oberschlesien eingerichtet. Sie wurde am 31. 5. 1935 aufgelöst und von der Provinzialverwaltung von Sachsen gepachtet. Die Landesheilanstalt Nietleben bei Halle a. d. Saale wurde vom Reich für heereswichtige Zwecke übernommen und nach fast 100jährigem Bestehen bis zum 1. Juli 1935 nach und nach geräumt. Ein Teil der Kranken konnte in andere Anstalten innerhalb der Provinz untergebracht werden. 590 Kranke mit den dazugehörigen Ärzten nebst Pflege- und sonstigem Wirtschaftspersonal wurden in die von der Oberschlesischen Provinzialverwaltung geräumte und der Provinz Sachsen zur Verfügung gestellte Landesheilanstalt Kreuzburg O.-S. übergeführt, welche den in der Überschrift genannten Namen führt. (Wird nach neueren Nachrichten wieder aufgelöst).

Kreuzenort (Oberschlesien)

St. Franziskusheim, Siechenanstalt und Altenheim für Geisteskranke. Ebst. Kreuzenort (Kreis Ratibor).

9 Morgen. Zahl der Kranken am 1. 1. 1937: 36 m., 30 w., Zugänge im Vorjahr: 14 m., 8 w., Abgänge: 15 m., 12 w., darunter Todesfälle: 7 m., 2 w. 69 Plätze. 2 Verpflegklassen. St. Franziskus Verein E. V. Oberin St. M. Agnes Kübel. Arzt Dr. *Waldemar Fehmer*. 2 Schwestern. Geschlossene und offene Anstalt.

Kreuznach-Bad (Reg.-Bez. Koblenz, Rheinprovinz)

Privatanstalten für Schwachsinnige. **Diakonie-** Anstalten Bad Kreuznach:

1. Anstalt **Bethanien**-Kreuznach für bildungsfähige Mädchen mit Spezialschule.

2. Haus **Pella**-Kreuznach für erwachsene weibliche Schwachsinnige und Psychopathen.

3. Anstalt **Eben-Ezer** zu Asbacher Hütte, Post Kempfeld, Station Fischbach-Weierbach-Nahe, für ältere bzw. nicht bildungsfähige weibl. Schwachsinnige mit bes. Station für Tuberkulöse.

4. Anstalt **Hüttenberg** zu Sobernheim-Nahe für nicht bildungsfähige weibl. Schwachsinnige.

5. u. 6. Haus **Bethlehem** und **Goldenes Kreuz** zu Niederreidenbacher Hof bei Fischbach-Weirbach-Nahe für nicht bildungsfähige Kinder.

7. Abt. für Schwachsinnige der Anstalt **Zoar** zu Hof Rechtenbach bei Wetzlar für nicht bildungsfähige Mädchen.

8. Abt. für Schwachsinnige der Erziehungsanstalt **Niederwörresbach** bei Fischbach-Weierbach-Nahe für nicht bildungsfähige Mädchen.

Zahl der Kranken am 1. 1. 1937: 59 m., 900 w., Zugänge 1936: 5 m., 60 w., Abgänge 1936: 6 m., 56 w., darunter Todesfälle 1 m., 24 w. 997 Plätze. 1 Verpflegungsklasse, in Bethanien 2. Direktor: Pfarrer Hanke, Bad Kreuznach. Ärzte: für 1 + 2 Dr. *Karl Hessel*, Kreuznach, für 3 Dr. *Decker*, Kempfeld, für 4 Dr. *Mauelshagen*, Sobernheim, für 5 + 6 Dr. *Karl Hessel*, Kreuznach, für 7 Dr. *Watz*, Hörnsheim, für 8 Dr. *Heger*, Herrstein. 81 Pflegepersonen. 1890 eröffnet.

Kropp bei **Schleswig**

Heil- und Pflegeanstalten der ev. luth. Diakonissenanstalt **Bethanien** in Kropp b. Schleswig für weibl. Geistes- und Nervenkranke. Ebst. Kropp.

Zahl der Kranken am 1. 1. 1936: 357 w., 39 m., am 1. 1. 1937: 404 w., 8 m. 418 Plätze. 3 Verpflegungsklassen. Ärztlicher Leiter: Direktor Dr. *Fritz Fliedner*; 2. Arzt: Dr. *Hans Krause*. 1 Pfleger, 59 Schwestern und Pflegerinnen. Gegründet 1879. Geschlossene Anstalt mit offener Abteilung.

Kühr, Niederfell a. d. **Mosel** (Rheinprovinz)

Herz-Jesu-Haus, Pflegeanstalt für weibliche Geistesschwache. Ebst. Lehmen a. d. Mosel.

Zahl der Kranken am 1. 1. 1937: 314 w., Zugänge im Jahr 1936: 31 w., Abgänge: 23 w., darunter Todesfälle: 7 w. 330 Plätze. 1 Verpflegklasse. Anstaltsarzt: Dr. med. *Josef Krahe*. 52 Schwestern. 1884 gegründet.

Kutzenberg b. **Ebensfeld** (Oberfranken, Bayern)

Oberfränkische **Kreis**-Heil-und Pflegeanstalt. Ebst. Ebensfeld.

134 ha. Zahl der Kranken am 1. 1. 1937: 442 m., 308 w., Zugänge 1936: 65 m., 94 w., Abgänge 63 m., 90 w., darunter Todesfälle: 11 m., 30 w. 660 Plätze. 3 Verpflegklassen. Ärzte: Direktor OMR. Dr. *G. L. Entres*; Med.-Rat Dr. *Georg Bischof*, Oberarzt Dr. *Max Sebald*, Assistenzarzt Dr. *Fritz Denzler*, Aushilfsarzt Dr. *Hans Mönius*. 7 Pfleger, 49 Schwestern. Gründungsjahr 1905. Offene Anstalt. Psychiatrischer Außendienst. Familienpflege, Beratungsstelle für psychisch und Nervenkranke.

Landau (Pfalz)

Evang. Pflegeanstalt **Bethesda** für Schwachsinnige, Epileptiker und Nervenkranke. Ebst. Landau i. Pfalz.

3,89 ha. Zahl der Kranken am 1. 1. 1937: 95 m., 230 w., Zugänge im Vorjahr: 38 m., 77 w., Abgänge: 30 m., 64 w., darunter Todesfälle: 16 m., 24 w. 350 Plätze. 2 Verpflegklassen. Leiter: A. Bernius, Pfarrer am Diakonissenhaus in Speyer a. Rh. Hausarzt: Dr. *H. Schaurer*. 29 Pflegepersonal. Geschlossene Anstalt mit offnen Abteilungen. (In dem zur ev. luth. Diakonissenanstalt in Speyer a. Rh. gehörenden Heim werden ca. 340 Patienten gepflegt.)

Landeck-Bad (Schlesien)

Kuranstalt **Thalheim** wird voraussichtlich im Laufe des Jahres eröffnet. Ebst. Bad Landeck.

Landsberg an der Warthe (Provinz Brandenburg)

Brandenburgische **Landes**anstalt mit Abteilungen für Geisteskranke, körperlich Sieche und Fürsorge für Wanderer. Ebst. Landsberg (Warthe).

1400 Morgen. Zahl der Kranken am 1. 1. 1937: 677 m. und 650 w., Zugänge im Vorjahr 196 m. und 181 w., Abgänge: 186 m. und 178 w., darunter Todesfälle: 47 m. und 54 w. 1410 Plätze. 2 Verpflegungsklassen. Ärzte: Direktor Dr. *Hans Hussels*, Stellvertreter: I. Oberarzt Dr. *Friedrich Deffge* und I. Oberarzt Dr. *Wilhelm Schott*, Oberärzte: Oberarzt Dr. *Heinz Lohwasser*, Assistenzärzte: Dr. *Heller*, Dr. *Ilse Meyer*, Dr. *Hinderscheidt*. 2 Medizinalpraktikanten. 269 Pflegepersonal. Gegründet 1888. Geschlossene Anstalt mit offener Abteilung. Psychiatrischer Außendienst, Familienpflege.

Langenhagen b. Hannover

Landes-Heil- und Pflegeanstalt Langenhagen b. Hannover. Ebst. Langenhagen.

139 ha. eigener Besitz, dazu 61 ha. gepachtete Ländereien. Zahl der Kranken am 1. 1. 1936 Hauptanstalt: 442 m., 369 w., Zugänge im Jahre 1936: 103 m., 63 w., Abgänge: 120 m., 74 w., darunter Todesfälle: 16 m., 14 w. Irrenbeobachtungsstation: Zahl der Kranken 20 m., 15 w., Zugänge im Jahre 1936: 218 m., 263 w., Abgänge: 199 m., 219 w., darunter Todesfälle: 24 m., 44 w. Hauptanstalt: 852 Plätze, Irrenbeobachtungsstation: 50 Plätze. Verpflegklassen: in Hauptanstalt 1, in Beobachtungsstation 2. Direktor: Landesobermedizinalrat Dr. med. *Paul Fröhlich*, I. Oberarzt und stellv. Direktor: Landesmedizinalrat Dr. *Ernst Rinne*, Oberärztin Dr. med. *Klara Schmidt*, Oberarzt Dr. med. *Rudolf Schwabe*, Hilfsarzt Dr. med. *Hans-Alfred Kurz*. 47 Pfleger, 90 Pflegerinnen. Geschlossene Anstalt mit offener Abteilung. Psychiatrischer Außendienst.

Gegründet 1862, eröffnet als Wohltätigkeitsanstalt zunächst nur für bildungsfähige Kinder unter Leitung eines Pädagogen. 1868 einem ärztlichen Leiter unterstellt. 1897 von der Provinz Hannover übernommen und von 1902 ab umgebaut und erweitert. Anstaltsschule mit 6 Lehrkräften. 1906 wurde die Beobachtungsstation für Geisteskranke der Stadt Hannover mit 50 Plätzen angegliedert.

Lauenburg (Prov. Pommern)

Provinzial-Heilanstalt. Ebst. Lauenburg.

224 ha. Zahl der Kranken am 1. 1. 1937: 476 m., 507 w., Zugänge im Vorjahr 207 m., 224 w., Abgänge 142 m., 143 w., darunter Todesfälle 49 m., 40 w. 1015 Plätze. 2 Verpflegungsklassen, 3 Unterbringungsklassen. Ärzte: Direktor Prov. O.-Med.-Rat Dr. *Johannes Banse*; Vertreter des Direktors Prov.-Med.-Rat Dr. *Hans-Dietrich Hilweg*; Oberärzte: Dr. *Franz-Ferdinand Klein*; Assistenzärzte: Dr. *Ulrich Graunke*, Dr. *Helmut Schwarz*, Dr. *Hans-Hermann Renfranz*. Pflegepersonal: 1 Pflegevorsteher, 1 Pflegevorsteherin, 1 Oberpfleger, 2 Oberpflegerinnen, 69 Pfleger, 66 Pflegerinnen. Gründungsjahr 1889. Geschlossene Anstalt mit offener Abteilung. Psychiatrischer Außendienst, Familienpflege, Beratungsstelle für psychisch und Nervenkranke.

Lauenstein-Altefeld b. Herleshausen (Reg.-Bez. Cassel)

Heil- und Erziehungsanstalt für seelenpflegebedürftige Kinder. Ebst. Altefeld über Herleshausen (Werra).

28 ha. Zahl der Kranken am 1. 1. 1936: 28 m., 22 w., Zugänge im Jahre 1936 7 m., 6 w., Abgänge 9 m., 5 w. 55 Plätze. 1 Verpflegklasse. Anstaltsarzt Dr. med. *Heinrich Hardt* in Herleshausen. 3 Pfleger, 16 Pflegerinnen. Offene Anstalt. Angegliederte Schule mit getrennten Unterrichtsgruppen. Engste Zusammenarbeit von Lehrern (Heilpädagogen) und dem Arzt. Gesunde klimatische Mittelgebirgslage.

Lauingen (Donau), Reg.-Bez. Schwaben

Elisabethenstiftung, Pflegeanstalt für weibliche Unheilbare.

0,3 ha. Zahl der Kranken am 1. 1. 1936: 218 w., Zugänge im Jahr 1936 44 w., Abgänge 31 w., darunter Todesfälle 24 w. Anstaltsplätze 232. 2 Verpflegklassen. Verwaltung: Oberin der Anstalt M. Magdalena Zach, Haus-Arzt: *Karl Grueber*; Berater: Irrenarzt Medizinalrat Dr. *Sieghart*. Pflegepersonal: 32 w. Geschlossene Anstalt.

Lauterhofen (Oberpfalz)

Pflegeanstalt **Karlshof** für weibliche Schwachsinnige, Epileptische, ungefährliche Geisteskranke, Altersgebrechliche, Krüppelhafte, körperlich Kranke, Lupuskranke. Ebst. Lauterhofen.

Zahl der Kranken am 1. 1. 1937: 554 w., Zugänge im Vorjahr 55 w., Abgänge 68 w., darunter Todesfälle 42 w. 570 Plätze. 1 Verpflegklasse. Direktor Josef Häringer in Dillingen a. D. Anstaltsarzt: Dr. *A. Miller*. 36 Pflegepersonal. Geschlossene Anstalt. (Die Anstalt gehört zu den I. E. Wagnerschen Wohltätigkeitsanstalten.)

Leipzig (Sachsen)

1. Psychiatrische und Nerven-Klinik der **Universität,** Kaiser Maximilianstr. 29.

30000 qm. Zahl der Kranken am 1. 1. 1937: 92 m., 89.w., Zugänge im Vorjahr 1602 m., 1308 w., Abgänge 1577 m., 1290 w., darunter Todesfälle 49 m., 72 w. 256 Plätze. 3 Verpflegklassen. Ärzte: Direktor Prof. Dr. *Paul Schröder*, Priv. Doz. Dr. *Fritz Flügel*, Dozent Dr. *Gerhard Schorsch*, Dr. *Hans Büssow*, Dr. *Rudolf Hecker*, Dr. *Theobald Dietrich*, Dr. *Werner Rabitz*, Dr. *Herbert Schulze*, Dr. *Anna Leiter*, Dr. *Hertha Ahrens*, Dr. *Käthe Ziervogel*. 40 Pfleger, 52 Schwestern. Gründungsjahr 1882. Poliklinik für Erwachsene und für Jugendliche. Abteilungen für Geisteskranke und für Nervenkranke. Beobachtungabteilung für jugendliche Psychopathen.

2. **Leipzig-Dösen. Landes**-Heil- und Pflegeanstalt. Ebst. Leipzig.

51 ha. Zahl der Kranken am 1. 1. 1937: 813 m., 753 w., Zugänge 1936: 268 m., 217 w., Abgänge: 252 m., 200 w., davon Todesfälle 69 m., 57 w. Plätze planmäßig 1180; Höchstbelegung 1280; außerplanmäßige Plätze 286. 2 Verpflegklassen. Ärzte: Chefarzt u. Direktor OberMed.Rat Dr. *Siegfried Maaß*; stellv. Dir.-Stelle z. Z. unbesetzt; Ober Med. Rat Dr. *Emil Eichler*, Ober Med. Rat Dr. *Carrière*, RegierungsMed. Räte: Dr. *Reinhold Schneider*, Dr. *Johannes Gottschick*, Dr. *Eugen Schulz*, Dr. *Georg Renno*, Dr. *Johannes Suckow*, Dr. *Georg Friedrich*, *Arthur Mittag*, Assistenzarzt Dr. *Karl Moser*. 2 Pflegevorsteher, 20 Oberpfleger, 53 Pfleger, 17 Krankenpfleger, 10 Lernpfleger, 24 Wärter, 1 Oberin, 10 Oberschwestern, 58 Schwestern, 4 Krankenschwestern, 1 Lernschwester, 3 Oberpflegerinnen, 1 Pflegerin, 17 Hilfspflegerinnen, 70 Wärterinnen. Gründungsjahr 1901 als städtische Anstalt, ging am 1. 1. 1913 infolge des damaligen neuen Irrenfürsorgegesetzes in den Besitz des sächsischen Staates über. Geschlossene Anstalt. Psychiatricher Außendienst und erbbiologische Abteilung. Prosektur und sonstige Laboratorien.

Sanatorium **Harthek** in **Gaschwitz**-Leipzig siehe Gaschwitz

Lemgo in **Lippe**

Heilerziehungs-, Heil- und Pflegeanstalt für Geistesschwache und Epileptische **Eben-Ezer.** Ebst. Lemgo i. L.

34 ha. Zahl der Kranken am 1. 1. 1937: 153 m., 170 w., Zugänge im Vorjahr: 21 m., 21 w., Abgänge 15 m., 16 w., darunter Todesfälle: 4 m.,

7 w. 120 Plätze. 1 Verpflegklasse. Anstaltsleiter H. Diehl. Arztstelle unbesetzt. Vertreter Med. Rat Dr. *Haberkant.* 12 Pfleger, 21 Pflegerinnen. Offene Anstalt mit geschlossenen Abteilungen.

Lengerich (Prov. Westfalen)

Provinzialheilanstalt. Ebst. Lengerich.

216 ha. Zahl der Kranken am 1. 1. 1937: 565 m., 507 w., Zugänge im Vorjahr: 117 m., 138 w., Abgänge 129 m., 136 w., darunter Todesfälle: 34 m., 34 w. 1030 Plätze. 2 Verpflegklassen. Ärzte: Direktor Ober-Prov.-Med. Rat Dr. *Robert Wessing*; Prov.-Med.-Rat Dr. *Karl Mertens*, Prov.-Med.-Rat Dr. *Friedrich Winter*; Oberarzt Dr. *Bernhard Hartung*; Ass. Arzt Dr. *Hans Ringer.* 75 Pfleger. 64 Pflegerinnen. Gründungsjahr 1864. Ausgedehnte Familienpflege. Geschlossene Anstalt.

Leubus (Provinz Niederschlesien)

Provinzial-Heil- und Pflegeanstalt. Ebst. Leubus.

165 ha. Zahl der Kranken am 1. 1. 1937: 650 m., 783 w., Zugänge im Vorjahre 153 m., 156 w., Abgänge 127 m., 126 w., darunter Todesfälle 19 m., 26 w. 1380 Plätze. 1 Verpflegklasse, nur in der Heilanstalt Kloster 2. Ärzte: Dr. med. habil. *Gerhard Töppich*, Direktor und Prosektor der gesamten niederschlesischen Heil- und Pflegeanstalten, stellvertr. Direktoren: Dr. *Walter Welke*, Dr. *Felix Weißenfeld*, Abteilungsärzte: Dr. *Emil Meckel*, Dr. *Karl Pietsch*, Assistenzärzte: Dr. *Johannes Cyba*, *Josef Nocon*, Dr. *Sophie Farber.* 110 Pfleger, 104 Pflegerinnen. Die im Jahre 1830 eröffnete Anstalt besteht aus der Alten Anstalt im ehemaligen, 1810 säkularisierten Cisterzienserkloster und der eine halbe Stunde entfernten, 1906 eröffneten Neuen Anstalt im Ortsteil Leubus II (Städtel). Geschlossene Anstalt mit psychiatrischem Außendienst, Familienpflege, erbbiologischer Forschungsstelle und Prosektur.

Leutesdorf (Rh., Reg.-Bez. Coblenz)

Johanneshöhe, alkoholfreies Erholungsheim.

20 Plätze. 1 Verpflegklasse. Direktor Johannes *M. Jaw.* 8 Pflegepersonal. Gegründet 1927. Offene Anstalt mit fester Hausordnung. Entziehungskuren.

Liebenau bei Tettnang (Wttmbg.)

Pflege- und Bewahranstalt **St. Galluspflege** für Schwachsinnige, Epileptische und Gebrechliche. Pflegeanstalt mit Abteilungen in **Hegenberg** und **Rosenharz.** Post Liebenau bei Tettnang.

Zahl der Plätze: Liebenau 700, Hegenberg 60, Rosenharz 240. 1 Verpflegklasse. Direktor: Wilhelm; Arzt: Dr. *Wilhelm Beuker.* Gegründet 1878; St. Gebhardthaus in Hegenberg 1909 und St. Gertrudisheim in Rosenharz 1925.

Liebenburg (Kreis Goslar)

Dr. Frontheims Privat-Heil- und Pflegeanstalt für Geisteskranke. Post Liebenburg über Goslar.

Leitender Arzt: Dr. *Kurt Fontheim.* Assistenzärzte: Dr. *Rudolf Pape*, Dr. *Alfred Kasten.*

Liebenstein-Bad

Klinisches **Sanatorium** für innere und Nervenkranke. Ebst. Bad Liebenstein.

3 ha. Saisonbetrieb. Zugänge im Jahre 1936: 134 m., 235 w., Abgänge 134 m., 235 w., darunter Todesfälle: 1 m., 3 w. Plätze 76. 1 Verpflegklasse. Direktor: Dr. *Max Seige*, Nervenarzt, Dr. *Felix Eichler*, Facharzt für innere Krankheiten. 1 Pfleger, 4 Pflegerinnen. Offene Anstalt.

Lindau (Bodensee)

Privatklinik Dr. **Speer,** Fachklinik für Psychotherapie. Ebst. Lindau.

10 Plätze. 1 Verpflegklasse. (Keine Geisteskranken, keine Rauschgiftkranken). Leitender Arzt: Dr. *Ernst Speer*, Facharzt f. Psychotherapie, Psychiatrie u. Neurologie. Offene Anstalt. Gegründet 1921.

Lindenfels (Odenwald)

Kurhaus und Sanatorium **Dr. Schmitt.** Ebst. Bensheim, Bergstraße.

30 Morgen. 120 Plätze. 1 Verpflegklasse. Leiter: Generalstabsarzt a. D. Dr. *Stroehlein.* 4 Pflegepersonal. Offene Anstalt.

Lindenhaus

Lippische Heil- und Pflegeanstalt. Ebst. Brake.

20 ha. Zahl der Kranken am 1. 1. 1937: 290 m., 239 w., Zugänge im Vorjahr 68 m., 67 w. Abgänge 68 m., 67 w., darunter Todesfälle 18 m., 10 w. z. Zt. 546 Plätze. 2 Verpflegklassen. Ärzte: Direktor Medizinalrat Dr. *Wilhelm Theopold*, Oberarzt Dr. *Georg Müller*, Assistenzarzt: Dr. *Bernhard Runte.* 65 Pfleger und 42 Pflegerinnen. Geschlossene Anstalt.

Lintorf (Bez. Düsseldorf)

1. **Kurhaus Siloah,** Heilanstalt für Alkoholkranke. Ebst. Lintorf (Bez. Düsseldorf).

1,5 ha. Zahl der Kranken am 1. 1. 1937: 6 m., 1 w., Zugänge im Jahr 1936: 14 m., 1 w., Abgänge: 12 m. Leiter: Anstaltspfarrer J. Schreiber. Arzt: Dr. med. *Schaefer*, Kaiserswerth. Hausvater: Tuchborn. 7 Plätze. 1 Verpflegklasse. Pflegepersonal: 1. Offene Anstalt. Außerdem Anstaltsheimpflege. Die Anstalt wurde 1879 auf Anregung von Werner Nasse als älteste deutsche Trinkeranstalt begründet.

2. **Bethesda,** Heimpflegestätte für psychisch Kranke. Ebst. Lintorf (Bez. Düsseldorf).

2 ha. Zahl der Kranken am 1. 1. 1937: 45 m., Zugänge im Jahr 1936: 57 m., Abgänge 12 m. Leiter: Anstaltspfarrer J. Schreiber. Arzt: Oberarzt Dr. *Wegener*, Düsseldorf. Hausvater Schürrhoff. 75 Plätze. 5 Pfleger. Geschlossene Anstalt.

Lohr am Main (Unterfranken, Bayern)

Unterfränkische **Kreis**-Heil- und Pflegeanstalt. Ebst. Lohr am Main.

118,8 ha. Zahl der Kranken am 1. 1. 1937: 329 m., 326 w., Zugänge im Vorjahr 59 m., 101 w., Abgänge 47 m., 98 w., darunter Todesfälle 14 m., 27 w. 715 Plätze. 1 Verpflegklasse. Ärzte: Direktor Ob. Med. Rat Dr. *Richard Stoeckle*; Med. Rat I. Kl.: Dr. *Max Schneider*, Oberarzt: Dr. *Josef Wallrapp*; Vertragsarzt Dr. *Karl Baldus*. 58 Pfleger, 52 Pflegerinnen. 1912 eröffnet. Geschlossene Anstalt mit 2 offenen Häusern. Psychiatrischer Außendienst. Beratungsstelle f. Psychisch- u. Nervenkranke.

Lübben, Spreewald (Provinz Brandenburg)

Brandenburgische **Landes**anstalt, Ebst. Lübben.

82,5 ha (davon ca. 78 ha Landwirtschaft). Zahl der Kranken am 1. 1. 1937: 464 m., 371 w. Erwachsene, 101 m., 84 w. Jugendliche. Zugänge im Vorjahre 94 m., 123 w. Erwachsene, 19 m., 20 w. Jugendliche. Abgänge 41 m., 52 w. Erwachsene, 113 m., 97 w. Jugendliche, darunter Todesfälle 12 m., 19 w. Erwachsene, 8 m., 8 w. Jugendliche. 1035 Plätze, 240 für Epileptiker, 780 für Idioten, 15 für Wanderer. 2 Verpflegklassen. Ärzte: Kommiss. Dr. *Felix Großmann*; Direktor: I. Oberarzt Dr. *Georg Liebert*, stellvertr. Direktor; Dr. *Walter Hermes*; Assistenzarzt *Karl Friedrich Rotzinger*, 1 Medizinalpraktikant. 76 Pfleger, 83 Pflegerinnen. Gründungsjahr 1893. Geschlossene Anstalt mit offener Abteilung. Familienpflege.

Lübeck

1. Heilanstalt **Strecknitz** für Nervöse und Geisteskranke Ebst. Lübeck. 4,0 km.

202 ha. Zahl der Kranken am 1. 1. 1937: 385 m., 319 w., Zugänge im Vorjahr 225 m., 199 w., Abgänge 152 m., 187 w.; darunter Todesfälle 40 m., 51 w. 3 Verpflegklassen. 860 Plätze. Ärzte: Direktor Dr. *Johannes Enge*, Oberarzt Dr. *Willi Dockhorn*, Anstaltsärzte Dr. *Heinrich Dübel*, Dr. *Emil Hagemann*, Dr. *Rudolf Grubel* und Dr. *Georg Ossenkopp*, 1 Assistenzarzt, 2 Medizinalpraktikanten. 72 Pfleger. 68 Pflegerinnen. — Gründungsjahr 1912. Erweiterungsbau 1930 (siehe Dr. *Eschenburg*, Geschichte der

Lübecker Irrenanstalt, 1844 Lübeck, Dr. *Enge*, Festschrift zur Eröffnung der Erweiterungsbauten, 1930 Lübeck). Geschlossene Anstalt mit offener Nervenabteilung. Psychiatrischer Außendienst, psychiatrische Beratungsstelle.

2. Erziehungs- und Pflegeheim **Vorwerk.** Anstalt für geistesschwache Jugendliche.

270 Plätze. 2 Verpflegklassen. Direktor: P. Burwick (Päd.), Arzt: *P. Furthmann*, Bad Schwartau. 3 Pfleger. 18 Schwestern, Pflegerinnen, Lehrerinnen. Geschlossene Anstalt, gegründet 1906. Eigentum eines Vereins.

Lüben (Reg. Bez. Liegnitz, Provinz Niederschlesien)

Provinzial-Heil- und Pflegeanstalt. Ebst. Lüben.

207 ha. Zahl der Kranken am 1. 1. 1937: 526 m., 557 w., Zugänge im Vorjahr 140 m., 194 w., Abgänge 156 m., 198 w., darunter Todesfälle 47 m., 67 w. 1264 Plätze. Nur eine Verpflegungsklasse. Ärzte: Direktor Prov.-Ober-Medizinalrat Dr. *Guido Kunze*; Provinzial-Medizinalrat Dr. *Ulrich Wilcke* (stellvertretender Direktor); Oberarzt Dr. *Renner*, beauftragt mit den Geschäften des Landesobmannes für die erbbiologische Bestandsaufnahme; Abteilungsärzte: Dr. *Johannes Nanny*, Dr. *Rudolf Klimke*, z. Zt. beurlaubt bis Ende September zur Einarbeitung bei dem Staatlichen Gesundheitsamt in Glogau als Hilfsarzt; Assistenzarzt: Dr. *Gottfried Lehmann*; Militäroberarzt *Knettenbrech* (als Hilfsarzt tätig). 2 Oberpfleger, 1 Erster Pfleger, 91 Pfleger, 1 Pflegevorsteherin, 1 Oberpflegerin, 77 Pflegerinnen. Erbaut 1902—1905. Geschlossene Anstalt. 2 offene Abteilungen. Außenfürsorge. Familienpflege.

Lüneburg (Prov. Hannover)

Landes-Heil- und Pflegeanstalt. Ebst. Lüneburg.

432 ha. Zahl der Kranken am 1. 1. 1937: 603 m., 486 w., Zugänge im Vorjahr 182 m., 211 w., Abgänge 177 m., 198 w., darunter Todesfälle 42 m., 52 w. 1 Einheitsverpflegklasse (evtl. Verpfl.verbesserung) 1246 Plätze. Ärzte: Direktor Landesobermed. Rat Dr. *Max Bräuner*, Oberärzte: Dr. *Gustav Marx*, Dr. *Karl Vix*, Dr. *Gustav Brandes*, Dr. *Friedrich Wenig*, Landesobermed. Rat Dr. *Rudolf Redepennig*. 94 Pfleger, 79 Pflegerinnen. Gründungsjahr 1901. Geschlossene Anstalt. Psychiatrischer Außendienst.

Magdeburg

Nervenklinik des Krankenhauses **Sudenburg** Leipziger Str. 44.

Zahl der Kranken am 1. 1. 1936: 55 m., 46 w., Zugänge im Jahre 1936 1025 m., 943 w., Abgänge 970 m., 897 w., darunter Todesfälle 111 m., 143 w. Zahl der Plätze 135. 3 Verpflegklassen. Ärzte: Direktor Prof. Dr. *Fünfgeld*, Oberarzt Dr. *Hille*, 3 Ärzte. Pflegepersonal 13 m., 14 w. Geschlossene Anstalt mit offener Abteilung. Beratungsstelle für psychisch Kranke,

Nervenkranke, Trunksüchtige und abnorme Kinder der Stadt Magdeburg. Sämtliche physikalische, medikamentöse und psychotherapeutische Methoden stehen zur Verfügung. Arbeitstherapie.

Mainkofen (Niederbayern)

Kreis-Heil- und Pflegeanstalt. Ebst. Pankhofen.

160 ha. Zahl der Kranken am 1. 1. 1936: 464 m., 319 w., Zugänge im Jahre 1936 226 m., 168 w., Abgänge: 212 m., 167 w., darunter Todesfälle 18 m., 23 w. 800 Plätze. 1 Verpflegklasse. Ärzte: Direktor Ob. Med. Rat Dr. *Reiß*; Med. Rat I. Kl. Dr. *Schapfl*; Oberarzt Dr. *Michel*; auf Dienstvertrag angestellte Ärzte: Dr. *Horben*, Dr. *Müller*, Dr. *Haack*, Dr. *Fritsch*; Volontärarzt Dr. *Höpt*. 76 Pfleger, 38 Pflegerinnen. Geschlossene Anstalt mit offener Abteilung, Familienpflege.

Mainz (Hessen)

Psychiatrische Abteilung des **Städtischen** Krankenhauses Langenbeckstr. 1.

55 Plätze. 2 Pflegeklassen. Prof. Dr. *Deusch*, Direktor des Krankenhauses und Vorstand der Klinik für innere und Nervenkrankheiten; Assistenzarzt Dr. *Kraft*. 2 Schwestern, 2 Pfleger. Geschlossene Abteilung.

Malente-Gremsmühlen, Haus Schönow

Heilstätte für Nervenkranke. Ebst. Malente-Gremsmühlen (Holsteinische Schweiz).

3 ha. Zahl der Kranken am 1. 1. 1936: 5 m., 7 w., Zugänge im Jahre 1936 226 m., 168 w., Abgänge 221 m., 164 w., darunter Todesfälle 1 m. 110 Plätze. 1 Verpflegklasse. Ärzte: Direktor Medizinalrat Dr. *Ernst Neumann*, 2. Arzt Dr. *Adolf Hoppe*, Facharzt für Nervenkrankheiten. 1 Pfleger. 3 Pflegerinnen. Offene Anstalt. Ausgedehnte Beschäftigungstherapie.

Marburg a. d. L.

1. Psychiatrische und Nervenklinik der **Universität.**

2 ha 4536 qm. Zahl der Kranken am 23. 1. 1937: 42 m., 38 w., Zugänge im Vorjahre 643 m., 363 w., Abgänge 636 m., 369 w., darunter Todesfälle 8 m., 5 w. 100 Plätze. 3 Verpflegklassen. Ärzte: Direktor Univ.-Prof. Dr. *Ernst Kretschmer*, Oberarzt a. o. Prof. Dr. *Friedrich Mauz*, Ass.-Ärzte: a. o. Professor Dr. *Willi Enke*, Dr. *Schoenen*, Dr. *Schlunk*. 26 Pflegepersonal. Gegründet 1920. Offenes neurologisches Krankenhaus mit geschlossener Abteilung. Beratungsstelle für psychisch und Nervenkranke.

2. **Landes**-Heilanstalt, kommunalständische Heilanstalt für Geisteskranke des Reg.-Bez. Kassel (einschließl. Waldeck), mit offenen Abteilungen für Psychisch-Nervöse. Ebst. Marburg Süd- und Hauptbahnh.

50 ha. Zahl der Kranken am 1. 1. 1937: 265 m., 310 w., Zugänge im Vorjahr: 207 m., 217 w., Abgänge: 197 m., 209 w., darunter Todesfälle 29 m., 49 w. 600 Plätze. 2 Verpflegklassen. Ärzte: Direktor: Prof. Dr. *Langelüddecke*; Oberärzte: Dr. *J. Giese*, Dr. *Ch. Krämer*, Dr. *W. Troeltsch*, Dr. *L. Gotthold*; Ass.-Arzt *Linder*. 45 Pfleger, 60 Pflegerinnen. Gründungsjahr 1876. Seit 1920 Fertigstellung einer bes. Universitäts- u. Nervenklinik, Trennung von Anstalt u. Klinik, die seit 1876 miteinander verbunden waren. Der Direktor hält nach wie vor Vorlesungen für Juristen u. Mediziner. Beratungsstelle. Geschlossene Anstalt mit offener Abteilung.

Mariaberg bei **Mägerkingen** (Württemb.)

Heil- und Pflegeanstalt f. Schwachsinnige.

Zahl der Kranken am 1. 1. 1937: 134 m., 65 w., Zugänge im Vorjahr: 7 m., 5 w., Abgänge 10 m., 3 w., darunter 2 m. Todesfälle. 200 Plätze. 3 Verpflegklassen. Leiter: Direktor Karl Wacker. Arzt: Med. Rat Dr. *Burkarth* in Hammerlingen. 14 Pflegepersonal. Geschlossene Anstalt. Gründung 1847.

Maria-Veen (Krs. Borken i. Westf.)

Sanatorium Heidehof, Heilstätte für Alkohol- und Nervenkranke.

40 Plätze. 2 Verpflegklassen. Direktor P. Ströhle. Arzt Dr. *Benson*. Eröffnet am 15. Juni 1928. Offene Anstalt.

Marienhaus siehe Wassenberg

Markgröningen (Württemberg)

Landesfürsorgeanstalt für geistesschwache, geisteskranke und hilfsbedürftige geistig normale Personen. Ebst. Asperg.

57 ha. Zahl der Insassen am 1. 1. 1937: 266 m., 150 w., Zugänge im Vorjahr 176 m., 13 w., Abgänge 149 m., 21 w., davon Todesfälle 21 m., 9 w. 425 Plätze. 1 Verpflegklasse. Anstaltsarzt: Dr. *Zerweck*. 3 Pfleger, 4 Pflegerinnen. Gegründet 1897. Halbgeschlossene Anstalt.

Marsberg (Provinz Westfalen)

1. **Provinzial**heilanstalt für Geistes- und Nervenkranke. Ebst. Marsberg.

Zahl der Kranken am 1. 1. 1937: 475 m., 316 w., Zugänge im Vorjahr 234 m., 84 w., Abgänge 103 m., 116 w., davon Todesfälle 24 m., 10 w. 819 Anstaltsplätze, 2 Verpflegklassen. Ärzte: Provinzialobermedizinalrat Dr. *Kaldewey*, Direktor; Medizinalrat Dr. *Langer*, Oberarzt Dr. *Römmelt*; Anstaltsärzte Dr. *Daldrup*, Dr. *Schneider*; Assistenzärzte Dr. *Wiesner* und

Dr. *Oehler*. 117 Pflegepersonal, davon 48 Ordensschwestern. Geschlossene Anstalt mit offenen Abteilungen. Psychiatrischer Außendienst, Familienpflege.

2. Provinzialheilanstalt St. **Johannes-Stift** für jugendliche Schwachsinnige und Psychopathen.

Zahl der Kranken am 1. 1. 1937: 624 m., 248 w., Zugänge im Vorjahr 224 m., 14 w., Abgänge 86 m., 40 w., darunter Todesfälle 26 m., 14 w. 933 Plätze, 2 Verpflegklassen. Direktor und Ärzte wie oben. 97 Pflegepersonal, davon 56 Ordensschwestern. — Die Provinzialheilanstalten Marsberg betreuen Beratungsstellen in den Kreisstädten Paderborn, Höxter, Warburg, Büren, Brilon und Wittgenstein.

Meitingen b. Augsburg

Johannesheim, Heilanstalt für männliche Trinker und Süchtige. Ebst. Meitingen b. Augsburg.

14 Tagewerk. Zahl der Kranken am 1. 1. 1936: 16 m., Zugänge 40 m., Abgänge 24 m.. 40—50 Plätze. 3 Verpflegklassen. Caritasdirektor: Johannes Star in Augsburg, Georg Huber, Hausvater. Arzt: Obermedizinalrat Dr. *Pfannmüller* v. Städt. Gesundheitsamt. 4 Pflegerinnen. Offene Anstalt mit halbgeschlossener Abteilung. Beratungsstelle für Trunksüchtige. Planmäßige Arbeitstherapie, belehrende Vorträge, Sportübungen, Ausflüge. Katholische Leitung der Christkönigsgesellschaft vom Weißen Kreuz. Besitzer: St. Johannisheim in Augsburg. — Mit der Anstalt verbunden ist ein Pflegeheim für verwahrungsbedürftige Alkoholiker ohne eigentliche Heilungsaussicht.

Merxhausen (Hessen-Nassau)

Landesheilanstalt namentlich für weibliche Geisteskranke Ebst. Sand (Kleinbahn Wilhelmshöhe-Naumburg).

807 ha. Zahl der Kranken am 1. 1. 1937: 19 m., 856 w., Zugänge im Vorjahr: 6 m., 132 w., Abgänge 7 m., 135 w., darunter Todesfälle 2 m., 47 w. 885 Plätze. 2 Verpflegklassen. Ärzte: Dr. med. *Malcus*, Direktor u. Landesmedizinalrat; Dr. med. *Berge*, Oberarzt; Dr. med. *Schmitz*, Oberarzt. (Die Stelle des I. Oberarztes u. Stellvertreters des Direktors ist z. Zt. unbesetzt.) 5 Oberpflegerinnen, 2 Pfleger und 104 Pflegerinnen. Geschlossene Anstalt. Beratungsstelle, psychiatrischer Außendienst, Familienpflege. Eine Arbeiterkolonie für den landwirtschaftlichen Betrieb mit 20 Männern ist angeschlossen.

Merzig a. d. Saar

Heil- und Pflegeanstalt für Geisteskranke. Ebst. Merzig.

92 ha. Zahl der Kranken am 1. 1. 1937: 422 m., 444 w., Zugänge im Vorjahr 201 m., 203 w., Abgänge 170 m., 183 w., darunter Todesfälle 18 m.,

33 w. Etatsmäßige Belegziffer 860. Ärzte: Dr. *Emil Ennen*, Direktor; Dr. *Emil Weidner*, Dr. *Wilhelm Gangloff*, Oberärzte; *Julius Barthel*, Dr. *Elli Leismann*, Assistenzärzte. 73 Pfleger und 72 Pflegerinnen. Gründungsjahr 1876. Geschlossene Anstalt mit offener Abteilung.

Meseritz-Obrawalde (Grenzmark Posen-Westpreußen)

Psychiatrische Abteilung der **Landes**krankenanstalten. Ebst. Meseritz.

Zahl der Kranken am 1. 1. 1937: 425 m., 352 w., Zugänge im Vorjahr 141 m., 138 w., Abgänge 123 m., 134 w., darunter Todesfälle 24 m., 26 w. 800 Plätze. 2 Verpflegklassen. Ärzte: Leitender Arzt der psychiatrischen Abteilung: Oberarzt Dr. *Meumann* (i. V.); Oberärztin Dr. *Wernicke*, Oberarzt Dr. *Mönnich* und Assistenzarzt *Lutz*. 120 Pflegepersonal. Geschlossene Anstalt. Gegründet 1904 als Provinzial-Heil- und Pflegeanstalt der Provinz Posen wurde Obrawalde am 1. 10. 1922 Landes-Heil- und Pflegeanstalt, dann Landeskrankenanstalten Meseritz-Obrawalde (Direktor i. V. Dr. *Henrard*) und beherbergt in sich neben der psychiatrischen Abteilung für Nicht-Geisteskranke: 1 Altersheim, 1 Entbindungsanstalt, 1 Frauenklinik, 1 Lungenheilstätte, 1 Säuglingsheim, 1 Kinderheim für tub. gefährdete Kinder, 1 orthopädische Abteilung, 1 innere und neurologische Abteilung und 1 Strahleninstitut.

Moritzburg i. Sa.

1. **Brüderanstalt,** Abt. Erziehungs- und Pflegeheim. Ebst. Moritzburg, Bez. Dresden.

110 ha. Zahl der Kranken am 1. 1. 1936: 306 m., 48 w. einschl. Fürsorgeerziehung und Erziehungsfürsorge. Zugänge im Jahre 1936: 193 m., 57 w., Abgänge 179 m., 47 w. 310 m., 50 w. Plätze. 1 Verpflegklasse. Rektor: Pfarrer Erich Knabe. Ärzte: z. Z. vakat, Psychiater, prakt. Arzt *P. Milenz*. Pflege- u. Erziehungspersonal: 55. Halboffene Anstalt Familienpflege. Die Anstaltseinrichtung ist eine gemischte Erziehungs- und Pflegeanstalt. Ausgedehnte Arbeitsmöglichkeiten in eigenen Landwirtschaften. Das Pflegeheim Röderhof (Arnsdorfer Filiale) wird ärztlich von Reg. Med. Rat Dr. *Künzel* versorgt. Die Brüderanstalt Moritzburg e. V. widmet sich der Erziehung und Pflege hilfsbedürftiger Kinder und Erwachsener und bildet Diakonen aus (Diakonenschule). Heime für Sorgenkinder sind dem Landesverband der Inneren Mission Sachsens angeschlossen.

2. **Heilstätte Seefrieden** des Vereins Sächsische Volksheilstätte für Alkoholkranke. Ebst. Moritzburg Bez. Dresden.

11,6 ha Feld und Wiesen, 3,5 ha Wald. Zahl der Kranken am 1. 1. 1936: 50 m., 2 w., Zugänge im Jahre 1936 131 m., 2 w., Abgänge 129 m., 5 w. Plätze 60 m., 5 w. 1 Verpflegklasse. Verwaltungsdirektor August Ostermann. Arzt Dr. *Hörmann*, Anstaltsarzt und Facharzt f. Nerven- u. Gemütskranke. 1 Pfleger, 1 Pflegerin. Offene Anstalt (therapeutisch: Diät, naturgemäße Lebensweise, Bäder im Hause und im Waldteich. Großer, mitten im Walde gelegener Sportplatz. Psychotherapie, Beschäftigung und evtl. Medikamente). Hausguttemplerloge. Hauszeitung für frühere Patienten. Gründungsjahr 1903.

Mosbach (Baden)

Privat-Erziehungs- und Pfleganstalt für Geistesschwache, bes. Jugendliche. Ebst. Mosbach (Baden).

Bestand am 1. 1. 1937: 236 m., 135 w., Zugänge 1936: 59 m., 22 w., Abgänge: 11 m., 6 w., Todesfälle: 4 m., 2 w. 400 Plätze. Dir. Pfr. Robert Wilckens; Arzt: Amtsarzt Med. Rat. Dr. *Fr. Obländer*. 8 Pfleger, 26 Schwestern, 6 Kindergärtnerinnen. Offene Anstalt. Gegründet 1880.

Mühlhausen a. N. (Schloß)

Heil- und Erziehungsinstitut für seelenpflegebedürftige Kinder. Ebst. Stuttgart.

3 ha. Zahl der Kranken am 1. 1. 1936: 16 m., 9 w., Zugänge im Jahre 1936: 6 m., 2 w., Abgänge: 4 m., 2 w. 30 Plätze. 1 Verpflegklasse. Leiter: Dr. Franz Geraths, Stud. Ass.; Arzt: Dr. med. *E. Schickler*. 2 Pfleger, 3 Pflegerinnen. Offene Anstalt. Enge Zusammenarbeit zwischen Arzt und Erzieher (Lehrer).

München (Bayern)

1. Psychiatrische und Nerven**klinik** der **Universität.**

9500 qm. Zahl der Kranken am 1. 1. 1937: 111 m., 154 w., Zugänge im Vorjahr 1700 m., 1224 w., Abgänge 1701 m., 1181 w., darunter Todesfälle 118 m., 119 w. 288 Plätze. 3 Verpflegklassen. Ärzte: Direktor: Geh. Med. Rat Prof. Dr. *Oswald Bumke*; Dr. *Max Mikorey*, Dr. *Karl Heinz Stauder*, Dr. *Alfred Bannwarth*, Dr. *Vult Ziehen*, Dr. *Hermann Greving*, Dr. *Franz Gerhards*, Dr. *Theodor Struppler*, Dr. *Max Burger*, *Walter Limges*, *Ferdinand Schmid*, Dr. *Carl Kluth*, Dr. *Wilhelm Breitenbach*, Dr. *Hildegard Bitterauf*, *Heinrich Lange*, Dr. *Reinhard Formanek*, *Otto Heinz Adam*, Dr. *Rudolf Römer*, Dr. *Eduard Stark*. Die planmäßige Oberarztstelle wurde nb. as. Prof. Dr. *Eduard Beck* (Fankfurt a. M.) zunächst vertretungsweise übertragen. 48 Schwestern, 36 Pfleger, 19 Hilfspflegerinnen. Erbaut 1902—04 als Psychiatrische Universitätsklinik. Erster Direktor Prof. Dr. *Emil Kraepelin*, 1904—1922. Seit 1. 4. 1924 Psychiatrische und Nervenklinik, Direktor Prof. Dr. *Oswald Bumke*. Geschlossene psychiatrische Abteilungen, offene Nervenabteilungen. Roentgen-Abteilung. Anatomisches, serologisches und chemisches Laboratorium. Arbeitstherapie-Werkstätten. Poliklinik: Sprechstunden und Beratungsstelle für Nerven- und Gemütskranke.

2. **Deutsche Forschungsanstalt für Psychiatrie.** Kaiser Wilhelm Institut in München, Kräpelinstr. 2.

Die Leitung hat jeweils auf einige Jahre einer der Abteilungsdirektoren, seit April 1931 Prof. *Rüdin*. Die Abteilungen sind folgendermaßen besetzt: Prof. Dr. *Scholz*, hirnpathologisches Institut, Assistent Dr. *Pe-*

ters. Vakant: Institut für Serologie und experimentelle Therapie. Prof. Dr. *Ernst Rüdin*, Institut für Genealogie und Demographie, Assistenten: Dr. *Schulz*, Prof. Dr. *Luxenburger* (Medizinalstatistiker), Fräulein Dr. *Juda* (von der Regierung von Schwaben und Neuburg als Assistent angestellt), Dr. *Lang*. Prof. Dr. *Franz Jahnel*, Institut für Spirochaetenforschung. Prof. Dr. *Kurt Schneider*, klinisches Institut siehe unter 3., Assistent: Dr. *Werner Scheid*.

Die Forschungsanstalt ist das Werk *Emil Kraepelins*; sie wurde im Jahre 1917 durch eine Stiftung gegründet. Im Jahre 1918 wurde sie in den Laboratorien der psychiatrischen Klinik eröffnet, 1924 in den Verband der Kaiser Wilhelm Institute aufgenommen und erhielt 1928 durch die Rockefellerstiftung einen eigenen Institutsbau.

3. Psychiatrische Abteilung des **städt.** Krankenhauses München-Schwabing und **Klinisches Institut** der Deutschen Forschungsanstalt für Psychiatrie (Kaiser Wilhelm-Institut) in München Kölner Platz 1.

Zahl der Kranken am 1. 1. 1937: 34 m., 55 w., Zugänge im Jahre 1936 712 m., 893 w., Abgänge 708 m. (darunter 68 Todesfälle), 890 w. (darunter 73 Todesfälle). 140 Plätze. 3 Verpflegklassen. Ärzte: Städt. Chefarzt und Direktor des Instituts Professor Dr. *Kurt Schneider*. Städt. Ärzte: Oberarzt Dr. *Karl Friedrich Scheid*, Dr. *Hans Hesse*, Dr. *Max Kaess*, Dr. *Ludwig Baumer*. Arzt am Klinischen Institut: Dr. *Werner Scheid*. 15 Ordensschwestern, 11 Pfleger, 8 Hausmädchen. Geschlossene Anstalt mit offenen Abteilungen. Gegründet 1922.

4. Psychiatrische Abteilung des **Strafgefängnisses München**, Stadelheimerstr. 12.

Zahl der Kranken am 1. 1. 1936: 14 m., 4 w., Zugänge im Jahre 1936: 106 m., 23 w., Abgänge 98 m., 20 w. Plätze 18 m., 12 w. Nur Untersuchungsgefangene. Leitender Arzt: Ober-Med. Rat u. Landgerichtsarzt Dr. *H. Vogler*; Hilfsarzt Dr. *Lothar Gerweck*. 7 Pfleger. 2 Pflegerinnen. Geschlossene Anstalt.

5. **Heckscher** Nervenheil- und Forschungsanstalt, München 23, Heckscherstr. 9 (gestiftet durch A. Heckscher, New York) 1923.

Neubau 1929, offene Anstalt für Nerven- u. Hirnkranke jeder Art. Besonderes Forschungs- u. Behandlungsgebiet: Folgen umschriebener Hirnschädigungen. Übungs- u. Arbeitstherapie; heilpädagog. Abteilung für Kinder, Internat und Tagesheim, Schulen- und Arbeitsstätten. 60 Plätze. Zahl der Zugänge 1936: 121, Zahl der Abgänge 122, Stand am 31. 12. 1936: 51. Heilpädagogische Beratungsstelle in Gemeinschaft mit der Universitäts-Kinderklinik (in der Universitäts-Poliklinik, Pettenkoferstr. 8a, 1 mal wöchentlich). Chefarzt: Prof. Dr. *Max Isserlin*. Ärzte: Dr. *Maria Weber*, 2 Volontärärztinnen. Psychologin: Dr. *M.* Gräfin *v. Kuenburg*.

6. Sanatorium **Neufriedenheim** für Nerven- und Geisteskranke in München, Fürstenriederstr. 155.

12 ha. Zahl der Kranken am 1. 1. 1937: 20 m., 28 w., Zugänge im Vorjahr: 65 m., 36 w., Abgänge: 54 m., 52 w., darunter Todesfälle: 3 m., 3 w. Ärzte: Geh. San.-Rat Dr. *Ernst Rehm*, Bes. und Leiter; Dr. *Otto Rehm*, Dr. *Leo Baumüller*, Dr. *Hilde Baumüller*. 6 Pfleger, 20 Pflegerinnen. Gegründet 1891. Neu- u. Umbauten 1911—1913. Offene Anstalt mit geschlossener Abteilung.

7. **Sanatorium Obersendling,** München 44, Wolfratshauserstraße 88. 1. Privatklinik für Nerven- und Gemütskranke. 2. Offenes Sanatorium für Nervöse. Entziehungskuren. Ebst. München.

5,7 ha in München, 65 ha im Bauernhof Weipertshausen (Starnberger See). Zahl der Kranken am 1. 1. 1937: 8 m., 34 w. Zugänge im Vorjahre 132, Abgänge 125, darunter Todesfälle 4. 50 Plätze. 1 Verpflegklasse. Besitzer und Direktor Geh. San.-Rat Dr. *Karl Ranke*, Oberarzt Dr. *Max Steger*, Assistenzarzt *Hans Strobel*. 3 Oberinnen, 27 Krankenschwestern, 1 Heilgymnastin, 1 Werklehrerin. Gründungsjahr 1893.

München-Gladbach (Reg.-Bez. Düsseldorf, Rheinprovinz)

1. **Alexianer**-Heil- und Pflegeanstalt für männl. Geisteskranke, Ebst. M.-Gladbach.

Zahl der Kranken am 1. 1. 1937: 337, Zugänge im Vorjahr: 36, Abgänge 40, darunter Todesfälle 21. 355 Plätze. 2 Verpflegklassen. Leitender Arzt Dr. *Gottfried Kentenich*, II. Arzt Med. Rat Dr. *Paul Jacobi*. Pflegepersonal 33 Alexianer-Brüder, 4 weltl. Pfleger. Gründungsjahr 1869. Geschlossene Anstalt.

2. **Hephata,** Evang. Bildungs- und Pflegeanstalt für Schwachbegabte, Epileptiker und Geisteskranke.

Bestand am 1. 1. 1937: 697 m., Zugang 1936: 92 m., Abgang 43 m., darunter Todesfälle 17. 700 Plätze. 1 Verpflegklasse. Direktor: Pfarrer A. Nell. Arzt: Dr. med. *Kröber*. 20 Pfleger. 25 Schwestern. Gegründet 1858.

Dazu gehörig: Berninghof b. Mettmann (am 1. 1. 1937 eingerichtete landwirtschaftliche Abteilung).

200 Plätze. 1 Verpflegklasse. Direktor Pfarrer A. Nell, Arzt Dr. med. *Kröber*. Hausvater: Diakon W. Krebs. Korrespondenz durch Hephata M.-Gladbach, Postfach 409.

3. **St. Josefshaus,** Pflegeanstalt der caritativen Vereinigung Köln-Nippes für epileptische und schwachsinnige Knaben. Ebst. M.-Gladbach.

Zahl der Kranken am 1. 1. 1936: 271, Zugänge im Jahre 1936: 41, Abgänge 30, darunter Todesfälle 13. Plätze 300. 1 Verpflegklasse. Leitender Arzt Dr. *Bartholomé* in Hardt. 35 Pflegerinnen. Geschlossene Anstalt.

Münchshöfen-Bad (Niederbayern, Pfalz)

Pflegeanstalt **Antoniusheim** für nicht mehr gefährliche Schwachsinnige. Ebst. Wallensdorf, Bez. Straßkirchen b. Straubing.

8 ha. Zahl der Kranken am 1. 1. 1937: 2 m., 180 w., Zahl der Zugänge im Vorjahr 1 m., 11 w., der Abgänge: 3 w., darunter Todesfälle 3 w. 200 Plätze. 2 Verpflegklassen. Leiter: Georg Stelzer; Ärzte: Dr. *H. Weber*, Sanitätsrat; Dr. *Schopfl*, Med. Rat, Psychiater. 18 Pflegepersonal. Geschlossene Anstalt.

Münster (Westf.)

1. Psychiatrische und Nervenklinik d. **Universität.**

18200 qm. Zahl der Kranken am 1. 1. 1937: 51 m., 45 w., Zugänge im Jahre 1936: 1233 m., 667 w., Abgänge 1276 m., 706 w., darunter Todesfälle 36 m., 15 w. 154 Plätze. Direktor Prof. Dr. *Ferdinand Kehrer*; Oberarzt Dozent Dr. *Wilhelm Klimke*, pl. Ass. Dr. *Berthold Wichmann*, Dr. *Inge Steinmann*, Dr. *Erwin Kötter*, apl. Ass. Dr. *Hubert Cordel*, Hilfsärzte Dr. *Franz Öhler*, Dr. *Heinz Engelhardt*, Volontärärzte Dr. *Wilhelm Schwarte*, Dr. *Hans Nachtweg* und 5 Medizinalpraktikanten. Besucherzahl der Poliklinik im Jahre 1936: 3996.

2. **Provinzial**heilanstalt für Geisteskranke. Münster i. W.

178 ha. Zahl der Kranken am 1. 1. 1937: 488 m., 488 w., Zugänge im Vorjahr: 252 m., 279 w., Abgänge: 252 m., 197 w. 966 Plätze. 2 Verpflegklassen. Direktor: Dr. *H. Schnitker*, Prov.-Obermedizinalrat; stellvertr. Direktor: Dr. *F. Wernicke*, Med.-Rat. Oberärzte: Dr. *J. Cordes*, Dr. *Hegemann*, Obermedizinalrat, Dr. *H. Korbsch*, a. o. Professor für Psychiatrie an der Universität Münster, Dr. *H. Holthaus*, Dr. *H. Klessner*. Assistenzarzt: *Gertrud Wember*. 68 Pfleger, 3 Pflegerinnen, 88 Schwestern. Gründungsjahr 1878. Geschlossene Anstalt mit offener Abteilung, Familienpflege.

3. Beobachtungsabteilung im Münster **Zuchthaus.**

Zahl der Kranken am 1. 1. 1936 31 m., Zugänge im Jahre 1936: 77 m., Abgänge: 78 m., darunter Todesfälle 2 m. Anstaltsplätze 55. 1 Verpflegklasse. Strafanstaltsdirektor Schmidt; Ärzte: Prof. *Többen*, Dr. *Bunsmann*. Pflegepersonal: 8 m. Geschlossene Anstalt.

Mupperg (Krs. Sonneberg, Thüringen)

Kreisversorgungsheim u. Abtlg. für leichte Geisteskranke. Ebst. Mupperg., Heubisch-Mupperg.

$2^1/_2$ ha. Zahl der Kranken am 1. 1. 1936: 59 m., 79 w., Zugänge im Jahr 1936: 3 m., 11 w., Abgänge: 4 m., 15 w., darunter Todesfälle 3 m., 7 w. Plätze: 140. 1 Verpflegklasse. Hermann Kirchner, Haus-Inspektor. Arzt: Dr. med. *Dörr*, prakt. Arzt in Oberlind. 2 Pfleger, 2 Pflegerinnen. Geschlossene Anstalt mit offener Abteilung.

Muskau-Bad (Oberlausitz)

Sanatorium Parkhaus. Ebst. Muskau O. L.

10 Morgen. Zahl der Kranken am 1. 1. 1936: —, da im Winter geschlossen. Zugänge bis 1. 10. 1936: 12 m., 48 w., Abgänge: 12 m., 48 w. darunter Todesfälle: 1 m., 1 w. 30 Plätze: 1 Verpflegklasse. Arzt: Dr. *Wolf Halter*. 1 Pfleger, 1 Pflegerin. Offene Anstalt.

Nassau a. d. Lahn

Kurhaus Bad Nassau, Sanatorium für Nerven- und innere Kranke. Ebst. Nassau (Lahn).

1,29 ha. Zahl der Kranken am 1. 1. 1937: 7 m., 18 w., Zugänge im Vorjahr: 142 m., 147 w., Abgänge: 141 m., 143 w., darunter Todesfälle: 2 m., 1 w. 120 Plätze. Ärzte: Leitender Arzt: Dr. *Rudolf Fleischmann*; Dr. *Kurt Knabe* (Innere Abteilung). Kaufm. Direktor: Julius Walter Münker. 2 Schwestern. Offenes Haus.

Nastätten (Kreis Goarshausen)

Kaiser Wilhelm-Heim für Geisteskranke, Magdalaabteilung. Ebst. Nastätten i. T.

Zahl der Kranken am 1. 1. 36: 15 w., Zugänge 4 w., Abgänge: 3 w., darunter Todesfälle 1 w. Plätze 16. 1 Verpflegklasse. Arzt: Dr. *Wolff* in Katzenelnbogen. 2 Schwestern. Offene Anstalt.

Neinstedt am Harz (Prov. Sachsen)

Elisabethstift, Heilerziehung- und Pflege-Anstalt der inneren Mission mit Hilfsschule (9 Klassen) und Lehrbetrieben für **Schwachsinnige und Epileptiker** beiderlei Geschlechts und jeden Alters. Zweiganstalten in **Thale** am Harz und **Schloß-Detzel** bei Neuhaldensleben. Ebst. Neinstedt.

143 Morgen. Zahl der Kranken: 451 m., 339 w. 800 Plätze. 2 Verpflegungsklassen. Leitender Anstaltsgeistlicher: Hans Sommerer. Anstaltsarzt: Dr. *Hermann Nobbe*. 140 Diakone, Diakonissen und Angestellte. Gegründet 1861 als milde Stiftung. Geschlossene Anstalt.

Neubabelsberg b. **Potsdam** (Prov. Brandenburg)

Sanatorium Neubabelsberg für **Nerven- und Gemütskranke.** Ebst. Neubabelsberg.

35 Morgen. 40 Plätze. 1 Verpflegklasse. Ärzte: Leitender Arzt Dr. *Richard Sinn*; Dr. *Arnold Kloth*. 18 Pfleger und Schwestern. Geschlossene Anstalt mit offener Abteilung.

Neuemühle-Niederzwehren (Reg. Bez. Kassel)

Privat-**Sanatorium** für Geisteskranke. Ebst. Kassel-Niederzwehren.

24 Morgen. 60 Plätze. 1 Verpflegklasse. Leitender Arzt: Doz. Dr. med. Dr. phil. *Kurt Westphal*; Dr. *Thea Störtkuhl*. 4 Pfleger, 4 Pflegerinnen. Offene Anstalt mit geschlossener Abteilung. Psychotherapie, Entziehungs-, Dauerschlaf,- Fieber- und organ.-therapeutische Kuren.

Neuendettelsau (Mittelfranken)

Für alle **Neuendettelsauer** Pflegeanstalten Direktor: Pfarrer Ratz, Chefarzt: Dr. med. et phil. *Boeckh* in Neuendettelsau-Mittelfranken. Ebst. daselbst.

Pflegeanstalt I für weibliche Schwachsinnige, Epileptische u. Geisteskranke im Endzustand, in Neuendettelsau.

1,2 ha. Zahl der Kranken am 1. 1. 1936: 180 w., Zugänge im Jahre 1936: 23 w., Abgänge: 12 w., darunter Todesfälle: 1 w. 192 Plätze. 2 Verpflegklassen. Assistenzärztin: Frl. Dr. *Zeiler*. 34 Pflegerinnen. Geschlossene Anstalt.

Pflegeanstalt II für weibliche Schwachsinnige, Epileptische u. Geisteskranke im Endzustand, in Neudettelsau.

1,2 ha. Zahl der Kranken am 1. 1. 1936: 162 w., Zugänge im Jahre 1936: 15 w., Abgänge 88 w., darunter Todesfälle: 6 w. 94 Plätze. 2 Verpflegklassen. Assistenzärztin: Frl. Dr. *Zeiler*. 11 Pflegerinnen. Geschlossene Anstalt.

Himmelskron, Oberfranken. Ebst. Himmelskron. Pflegeanstalt I für weibliche Schwachsinnige, Epileptische u. Geisteskranke im Endzustand, in Himmelskron.

1,8 ha. Zahl der Kranken am 1. 1. 1936: 156 w., Zugänge 1936: 17 w., Abgänge: 10 w., darunter Todesfälle: 4 w. 163 Plätze. 2 Verpflegklassen. 4 Pfleger, 26 Pflegerinnen. Geschlossene Anstalt.

Pflegeanstalt II für weibliche Schwachsinnige, Epileptische u. Geisteskranke im Endzustand, in Himmelskron.

0,5 ha. Zahl der Kranken am 1. 1. 1936: 103 w., Zugänge im Jahre 1936: 10 w., Abgänge: 8 w., darunter Todesfälle: 4 w. 106 Plätze. 2 Verpflegklassen. 1 Pfleger, 19 Pflegerinnen. Geschlossene Anstalt.

Engelthal, Mittelfranken. Neuendettelsauer Heim für Schwachsinnige, Epileptische u. Geisteskranke im Endzustand. Ebst. Henfenfeld.

10,9 ha. Zahl der Kranken am 1. 1. 1936: 122 m., 46 w., Zugänge 1936: 20 m., 106 w., Abgänge: 42 m., 18 w., darunter Todesfälle: 13 m., 16 w. 246 Plätze. 2 Verpflegklassen. Arzt: Dr. *Geng*-Hersbruck. 12 Pfleger, 39 Pflegerinnen. Geschlossene Anstalt.

Polsingen-Mittelfranken. Pflegeanstalt für weibliche Schwachsinnige, Epileptische u. Geisteskranke im Endzustand. Ebst. Ottingen, Ries.

11,2 ha. Zahl der Kranken am 1. 1. 1936: 171 w., Zugänge im Jahr 1936: 3 w., Abgänge 4 w., darunter Todesfälle: 2 w. 170 Plätze. 2 Verpflegklassen. Arzt: Dr. *Hoffmann*, Heidenheim. 13 Pflegerinnen. Geschlossene Anstalt.

Derselben Direktion in Neuendettelsau unterstehen auch die Pflegeanstalten für männliche Schwachsinnige, Epileptische und Geisteskranke im Endzustand in Bruckberg bei Ansbach (600 Betten) und ab Mai 1937 die Pflegeanstalt „Heimat“ in Polsingen bei Öttingen. (130 Betten). Die große Zahl der Zu- und Abgänge im Jahre 1936 ergibt sich aus zahlreichen Verlegungen.

Kurheim Friedenshort. Ebst. Neuendettelsau, Mittelfranken. Leitung: Chefarzt Dr. med. et phil. *Boeckh*, Neuendettelsau.

2 ha. Zahl der Kranken am 1. 1. 1936: — Eröffnet 6. 4. 1936. Zugänge im Jahre 1936: 97 w., Abgänge 53 w., darunter Todesfälle: 4 w. — Plätze bis Mai 1937: 50, dann 86. 2 Verpflegklassen. Besitzer: Diakonissenhaus Neuendettelsau. Hausärztin: Frl. Dr. *G. Zeiler*. 1 Pfleger, 12 Diakonissen. Geschlossene Anstalt mit offener und einer medizinischen Abteilung. Beratungsstelle für Nervenkranke. Klinisches Mittelstands-Sanatorium.

Neuerkerode (Braunschweig)

Neuerkeroder Anstalten für Schwachsinnige und Epileptiker, Anstalten der inneren Mission. Post Sickte.

375 Morgen. Zahl der Kranken am 1. 1. 1937: 261 m., 230 w., Zugänge 1936: 35 m., 20 w., Abgänge: 24 m., 23 w., darunter Todesfälle: 12 m., 8 w. 520 Plätze. 1 Verpflegklasse. Anstaltsleiter: Kirchenrat Ludwig Beyer. Anstaltsarzt: Dr. med. *Georg Ittel*. 54 Pflegepersonal, dazu Lehrer und Hilfspersonal, auch Handwerker, Landwirte usw. Gegründet 1868 durch Pastor H. Stutzer. Offene Anstalt. Psychiatrischer Außendienst. Die Anstalten haben zwei Filialen: den Burschenhof in Niedersickte und den Heerberg in Erkerode. Das Spezialarbeitsgebiet ist die Ausbildung schwachsinniger Kinder in den sogen. Bildungsanstalten für schwachsinnige Schulkinder (Hilfsschule).

Neufriedenheim siehe München 6

Neuhaldensleben (Reg. Bez. Magdeburg)

Landesheilanstalt für Geisteskranke. Ebst. Neuhaldensleben.

188 ha. Zahl der Kranken am 1. 1. 1937: 419 m., 489 w., Zugänge im Vorjahr 246 m., 338 w., Abgänge 244 m., 263 w., darunter Todesfälle 47 m., 80 w. 1020 Plätze. 1 Verpflegungsklasse. Ärzte: Direktor: Obermedizinalrat Dr. *August Metz*; stellv. Direktor: Provinzial-Obermedizinalrat Dr. *Oskar Reimann*; Provinzial-Med.-Räte Dr. *Hans Hoffmann*, Dr. *Uwe Hinrichs*, Dr. habil. *Hans Froböse*; Anstaltsärzte: Dr. *Friedr. Barnstorf*, *Hans Schaefer*. 84 Pfleger, 79 Pflegerinnen. Geschlossene Anstalt. In Familienpflege am 1. 1. 1937 76 m., 40 w. Eröffnungsjahr 1929.

Neuruppin

Brandenburgische **Landes**anstalt für Geisteskranke. Ebst. Neuruppin.

251 ha. Zahl der Kranken am 1. 1. 1937: 1050 m., 921 w., Zugänge 1936: 202 m., 123 w., Abgänge: 160 m., 123 w., darunter Todesfälle: 79 m., 49 w. 1997 Plätze. 2 Verpflegklassen. Ärzte: Direktor Dr. *Herbert Meyer*; I. Oberärzte: Dr. *Bruno Petzsch*, Dr. *Hans Berendes*, Dr. *Paul Syring*; Oberärzte: Dr. Hugo *Grunwald*, Dr. *Paul Schmiz*, Dr. *Franz Polik*; Assistenzärzte: Dr. *Heinrich Hamacher*, *Wilhelm Neuhaus*; Assistenzärztin: *Anna Pehrsson*. 204 Pfleger, 164 Pflegerinnen. Im Mai 1897 eröffnet. Geschlossene Anstalt. Beratungsstelle für schwachbegabte und nervöse Kinder. Psychiatrischer Außendienst in den Kreisen: Ruppin, Ost- und Westprignitz, Osthavelland und Stadtkreis Wittenberge.

Neuß a. Rh.

1. **Alexianer-** Heil- und Pflegeanstalt für gemüts- und nervenkranke Herren, einschl. Alkoholiker und Morphinisten. Ebst. Neuß.

160 Morgen. Zahl der Kranken am 1. 1. 1937: 775 m., Zugänge im Vorjahr: 220 m., Abgänge 213 m., darunter Todesfälle: 58 m. 800 Plätze. 4 Verpflegklassen. Leiter: Br. Paulus Parensen. Ärzte: Chefarzt Dr. *Ferd. Müller*, Oberarzt Dr. *Struben*, Ass.-Arzt Dr. *Goder*. 80 Pflegepersonal. Offene und geschlossene Abteilungen. Familienpflege.

2. **St. Josefskloster** Neuß. Privat-Heil- und Heimstätte für weibl. Nervenkranke und seelisch Leidende. Kölnerstr. 23.

23 Morgen. Zahl der Kranken am 1. 1. 1937: 459 w., Zugänge im Vorjahr: 212 w., Abgänge 212 w. 460 Plätze. Leitender Arzt: Nervenarzt Dr. *A. Offermann*. Pflege durch Augustinerinnen. Neuzeitliche Behandlungsmethoden von kollekt. Psychotherapie bis zur Insulinkur. Gegründet 1858. Geschlossene Anstalt mit offener Abteilung.

Neustadt i. **Holstein** (Prov. Schleswig-Holstein)

Landes-Heil- u. Pflegeanstalt. Ebst. Neustadt, Holstein.

130 ha. Zahl der Kranken am 1. 1. 1937: 748 m., 703 w., Zugänge 1936: 288 m., 266 w., Abgänge: 267 m., 282 w., darunter Todesfälle: 85 m., 63 w. 1393 Plätze. 1 Verpflegklasse. Ärzte: Direktor Dr. *Otto Walther*; stellv. Direktor Oberarzt Dr. *Fritz Kroemer*; Oberärzte: Dr. *Friedrich Struwe*, Dr. *Ingolf Bückmann*; Dr. *Fritz Rücker-Embden*; Dr. *Max Hetzer*; *Karl August Ladendorf*; Dr. *Heinrich Schmidt*. 112 Pfleger, 117 Pflegerinnen, 33 Schwestern. Gründungsjahr 1893. Geschlossene Anstalt. Poliklinik für Diagnostik und Therapie. Psychiatrischer Außendienst. In Familienpflege 59 m., 49 w. Beratungsstelle (auch für das Amt für Volksgesundheit).

Neustadt (Schwarzwald) siehe Seite 118

Niederfell-Kühr (Reg. Bez. Koblenz)

Pflegeanstalt **Herz-Jesu-Haus** f. weibl. Schwachsinnige. Ebst. Sehmen a. d. Mosel.

40 Morgen. Zahl der Kranken am 1. 1. 1937: 325 w., Zugänge im Vorjahr: 31 w., Abgänge 23 w., darunter Todesfälle: 7 w. 330 Plätze. 1 Verpflegklasse. Leiterin: Hausoberin, Schwester M. Antonina (Rosa Huhn). Anstaltsarzt: Dr. *Josef Krahe*. 52 Schwestern. Geschlossene Anstalt.

Nieder-Ramstadt bei **Darmstadt** (Hessen)

Anstalten der **Inneren Mission** für Epileptische, Schwachsinnige u. Krüppel. Ebst. Nieder-Ramstadt.

Zahl der Kranken am 1. 1. 1937: 316 m., 245 w., Zugänge 1936: 74 m., 64 w., Abgänge 50 m., 44 w., darunter Todesfälle: 16 m., 16 w. 605 Plätze. 1 Verpflegklasse. Direktor: Pfarrer Otto Schneider; leitender Arzt: Dr. *Ernst Georgi*. 23 Pfleger, 27 Pflegerinnen. Offene Anstalt mit geschlossener Abteilung. Gegründet 1900.

Niederreidenbacher Hof (Reg. Bez. Trier)

Pflegeanstalt für Schwachsinnige und Alte, Zweiganstalt der Diakonieanstalten **Bad Kreuznach**. Ebst. Fischbach-Weierbach, Nahe.

700 Morgen. Zahl der Kranken am 1. 1. 1937: 135 m., 170 w., Zugänge im Vorjahr: 10 m., 13 w., Abgänge: 16 m., 9 w., darunter Todesfälle: 6 m., 5 w. 298 Plätze. 1 Verpflegklasse. Leiter: Pfarrer Rentrop. (Leiter der Gesamtanstalten: Pfarrer Hanke, Bad Kreuznach). Arzt: Dr. *Coester* in Kirn/Nahe. 13 Diakonissen, 7 Jungbrüder. Offene Anstalt.

Niederzwehren siehe Neuemühle

Nöbdenitz (Thüringen)

Privat-Heil- und Pflegeanstalt für Nerven- und Gemütskranke **Tannenfeld** bei Nöbdenitz. Ebst. Nöbdenitz.

Bestand am 1. 1. 1936: 13 m., 17 w., Zugänge im Jahre 1936: 43 m., 55 w., Abgänge: 41 m., 58 w., darunter Todesfälle: 1 m., 3 w. Leiter: Dr. med. *Arthur Tecklenburg*. 2. Arzt: Dr. *Ludwig Lemmer*. 2 Pfleger, 6 Schwestern. Gründungsjahr 1899. Offene und halboffene Abteilung für organische und funktionelle Nervenleiden, Neurosen, Alkohol- und Rauschgiftentziehungen; geschlossene Abteilungen für Psychosen aller Art.

Nürnberg (Bayern)

Psychiatrische und Nervenklinik des allg. **städtischen** Krankenhauses.

6327 qm. Zahl der Kranken am 1. 1. 37: 47 m., 59 w. Zugänge im Vorjahr 1529 m., 976 w., Abgänge 1569 m., 1004 w., darunter Todesfälle 139 m., 137 w. 160 Plätze. 3 Verpflegklassen. Ärzte: Stadtobermedizinalrat Prof. Dr. *Ulrich Fleck*, Vorstand, Dr. *Karl Heuler*, Oberarzt; Assistenzärzte: Dr. *Franz Steinmeier*, Dr. *Hans Gebhard*, Volontärarzt: Dr. *Rudolf Kreuzeder*, Med. Prakt.: *Therese Bergmann*. 15 Pfleger, 14 Schwestern. Gründungsjahr 1897. Geschlossene und offene Abteilungen. Psychiatr. Außendienst wird durch die Außendienststelle der Heil- und Pflegeanstalt Erlangen betätigt.

Oberhausen (Reg. Bez. Düsseldorf)

St. Vincenz-Haus der Dominikanerinnen, Heil- und Pflegeanstalt für schwachsinnige Kinder und reifere Mädchen in Oberhausen, Erich König Str. 154/56. Ebst. Oberhausen.

Zahl der Verpflegten am 1. 1. 37: 112 m., 133 w., Zugänge im Vorjahr 36 m., 21 w., Abgänge 10 m., 17 w., darunter Todesfälle 5 m., 6 w. 260 Plätze. 1 Verpflegklasse. Leiter: die jeweilige Oberin. Anstaltsarzt Sanitätsrat Dr. *Gockel*. 28 Pflegepersonal. Geschlossene Anstalt.

Oberigling-Holzhausen (Reg. Bez. Oberbayern)

Magnusheim, Privatanstalt f. schwachsinnige Mädchen. Post Oberigling bei Landsberg (Lech).

3 ha zum Anstaltsbetrieb, daneben 60 ha zum Landwirtschaftsbetrieb. Zahl der Kranken am 1. 1. 1936: 228 w., Zugänge im Jahre 1936: 36 w., Abgänge: 29 w., darunter Todesfälle 1 w. 240 Plätze. 1 Verpflegklasse. Leiter: J. Höringer, Direktor d. I. E. Wagnerschen Wohltätigkeitsanstalt, Dillingen. Arzt: Dr. *Gg. Mayer*, Landsberg; fachärztliche Betreuung durch Med.-Rat Dr. *Hölzl* in Eglfing-Haar. Geschlossene Anstalt mit offener Abteilung.

Obernigk b. Breslau

1. Privatklinik **Lewaldsche Kuranstalt,** Sanatorium für

Nerven- und innerlich Kranke sowie Rekonvaleszenten. Ebst. Obernigk, Bez. Breslau.

6 Morgen. Zahl der Kranken am 1. 1. 37: 21 m., 22 w., Zugänge im Vorjahre 63 m., 84 w., Abgänge: 63 m., 91 w., darunter Todesfälle 1 m., 1 w. 60 Plätze. 3 Verpflegklassen. Leitender Arzt: Prof. Dr. *Kurt Berliner*; Ass. Ärztin: Dr. *Hertha Seidemann*; beratender innerer Mediziner: Dr. *Kurt Friedländer*, Breslau. 2 Pfleger, 5—7 Schwestern. Gründungsjahr 1870. Geschlossene Privatanstalt für psychisch Kranke und offenes Sanatorium für Nerven- und innerlich Kranke sowie Rekonvalescenten in zwei durch Parkanlagen getrennten Gebäuden.

2. Sanatorium Dr. **Sprengel** für Nerven- u. Psychischkranke. Ebst.: Obernigk, Bez. Breslau.

18 Morgen. Zahl der Kranken am 1. 1. 1937: 33 m., 31 w., Zugänge im Vorjahr: 192 m., 145 w., Abgänge: 191 m., 150 w., darunter Todesfälle: 7 m., 13 w. — ca. 100 Plätze. 1 Verpflegklasse. Inhaber: Dr. *Kurt Sprengel*; stellvert. Leiter Ober-Med.-Rat Dr. *Haupt*; Assistenzarzt Dr. *Friedländer*. 20 Pflegepersonal. 2 geschlossene Häuser, 2 offene Villen, 1 offenes „Großes Haus". Familienpflege innerhalb der Anstalt (Angehörige der Patienten). Behandlung von Psychosen, Neurosen, organ. Nervenleiden, Fieber-(Malaria-) und Insulinkuren, Psychotherapie. Spezialität Entziehungskuren, Arbeitstherapie.

Ober-Schreiberhau im Riesengebirge

Sanatorium Kurpark, klimatisch-physikalisch-diätische Kuranstalt Dr. med. I. Haedicke's für Herz- und Nervenkrankheiten. Ebst. Oberschreiberhau.

Zahl der Kranken am 1. 1. 1937: 12 m., 16 w., Zugänge im Jahr 1936: 150 m., 153 w., Abgänge 146 m., 144 w., darunter 2 Todesfälle. Pflegepersonal: 1 Schwester, 1 Bademeister und Masseur, 1 Bademeisterin und Masseuse. Leitender Arzt: Dr. med. *Joh. Haedicke*, Facharzt f. innere Medizin, Assistenzarzt Dr. *Werner Nottrott*. Ganzjähriger klinischer Betrieb, Freiluftkuren in Haus und Park, medizinische Bäder, Elektrotherapie, Diäten, Psychotherapie.

Obersendling siehe München 7

Obrawalde siehe Meseritz-Obrawalde

Oels (Schlesien)

Haus Salem, Krankenheim für weibliche Epileptische u. leicht Geisteskranke.

Zahl der Kranken am 1. 1. 1937: 1 m., 7 w., Zugang: 1 w., Abgänge 2 w. 12 Plätze. 1 Verpflegklasse. Behandelnder Arzt: Dr. *Marx*. Leiterin Diakonisse Luia Jack; 1 Schwester. Offene Anstalt.

Oeynhausen

Westf. ev. Pflege- und Erziehungsanstalt **Wittekindshof** in Volmerdingen b. Bad Oeynhausen.

164 ha. Zahl der Kranken am 1. 1. 1936: 687 m., 509 w., Zugänge im Jahre 1936 m. 74, w. 60, Abgänge: 45 m., 35 w., darunter Todesfälle 24 m., 21 w. Anstaltsplätze 1330. 1 Verpflegklasse. Chefarzt: Dr. *Simon*. Oberarzt: *Schumacher*, Abteilungsarzt: Dr. *Schubert*, Assistenzarzt: Dr. *Schaut*. Zahl des Pflegepersonals 59 m., 50 w. Geschlossene Anstalt mit offener Abteilung. Familienpflege. Arbeitstherapie in Kolonnen und Werkstätten.

Oldenburg i. O.

Gertrudenheim, Unterrichts- und Pflegeanstalt.

83 ha. Zahl der Kranken am 1. 1. 37: 163, davon 83 m., 80 w. Im Vorjahre 14 Abgänge, darunter durch den Tod 4 w., 8 m. 250 Plätze. 1 Verpflegklasse. Arzt Obermedizinalrat Dr. *Mönch* in Wehnen. Hausvater und Leiter: Diakon Guhlke. 1 Lehrschwester, 1 Handfertigkeitslehrerin, 3 Diakone, 3 Pfleger, 8 Schwestern. Offene Anstalt. Die Anstalt hat den Zweck, schwachsinnigen, blödsinnigen sowie epileptischen Kindern geeigneten Aufenthalt zu gewähren und diese soweit möglich durch angemessene körperliche Pflege, sittlich religiöse Erziehung, planmäßigen Schulunterricht und geordnete Beschäftigung heranzubilden.

Osnabrück (Prov. Hannover)

Provinzial-Heil- und Pflegeanstalt. Ebst. Osnabrück.

95 ha. Zahl der Kranken am 1. 1. 1937: 364 m., 242 w., Zugänge im Vorjahr 156 m., 142 w., Abgänge 118 m., 143 w., darunter Todesfälle 19 m., 21 w. 675 Plätze. 1 Verpflegklasse; den Kranken kann aber durch entsprechende Zuzahlung verbesserte Kost gewährt werden. Ärzte: Direktor Dr. med. *Albert Kracke*, Landesober-Med.-Rat; Oberärzte: Dr. med. *Bernhard Jutz*, Landes-Med.-Rat, Dr. med. *Franz Stüvermann*, Dr. med. *Willi Baumert*; Hilfsarzt: Dr. med. *August Meyer-Rogge*. 43 Pfleger, 40 Pflegerinnen, 3 Oberpfleger, 3 Oberinnen. Gründungsjahr 1868. Geschlossene Anstalt. 2 offene Gutsabteilungen. Psychiatrischer Außendienst.

Ottmachhau (Reg. Bez. Oppeln, Oberschlesien)

St. Josefs-Krankenhaus, Abt. für Schwachsinnige u. Epileptiker. Ebst. Ottmachau, O. S.

Zahl der Kranken am 1. 1. 1937: 20 m., 14 w., Zugänge im Vorjahr: 4 m., 2 w., Abgänge: 1 m., 7 w., darunter Todesfälle: 1 m., 1 w. 50 Plätze. 1 Verpflegklasse. Arzt: Sanitätsrat Dr. *Wodarz*. 5 Pflegepersonal. Offene Abteilung.

Peterswaldau (Eulengebirge-Schlesien)

Sanatorium **Ulbrichshöhe** für innere und Nervenkranke. Ebst. Reichenbach (Eulengeb.)

140 Morgen. 70 Plätze. 1 Verpflegklasse. Leitender Arzt Dr. med. *Curt Ruschke*, Hausarzt Dr. med. *Leo Mosler*. 1 m., 2 w. Pflegepersonal. Offene Anstalt.

Pfafferode b. **Mühlhausen** i. Thür.

Landesheilanstalt. Ebst. Mühlhausen.

265 ha. Zahl der Kranken am 1. 1. 1937: 602 m., 668 w., Zugänge im Vorjahr: 229 m., 237 w., Abgänge: 212 m., 257 w., darunter Todesfälle: 63 m., 72 w. 1200 Plätze. 2 Verpflegklassen. Ärzte: Direktor Prov. Obermedizinalrat Dr. *Fritz Rust*, stellvertr. Direktor Prov. Ober-Med.-Rat Dr. *Kurt Schroeder*, Prov. Med.-Räte: Dr. *Johannes Hofmann*, Dr. *Fridolin Schramm*, Dr. *Ernst Beese*, Dr. *Hermann Eysel*, Dr. *Richard Breier*, Anstaltsarzt Dr. *August Maringer*; außerdem je 2 Stellen für Medizinal-Praktikanten und für Famuli. 107 Pfleger, 99 Pflegerinnen. Geschlossene Anstalt mit halboffener Villenfamilienpflege. Gründungsjahr 1912.

Pfingstweide bei **Tettnang** (Württemberg)

Pflegeanstalt für männl. Epileptiker. Post Pfingstweide bei Meckenbeuren.

Eröffnet 1867. 1937: 70 Plätze.

Pinneberg (Prov. Schleswig-Holstein)

Kreis-Irrenpflegeanstalt. Ebst. Pinneberg (Holstein).

80 ha. Besitzer: Kreis Pinneberg. Zahl der Kranken am 1. 1. 1936: 45 m., 39 w., Zugänge im Jahre 1936 — m., 2 w., Abgänge 4 m., 1 w., darunter Todesfälle 3 m. 80 Plätze. 1 Verpflegklasse. — Anstaltsleiter: Inspektor Adolf Kahle; Ärzte 1. für körperliche Erkrankungen Dr. med. et chir. *Flory*-Pinneberg (nebenamtlich); 2. für psychiatr. Betreuung Prof. Dr. *Körtke*-Staatskrankenanstalt Langenhorn-Hamburg (nebenamtlich). 2 Pfleger, 2 Pflegerinnen. Geschlossene Anstalt. Die Anstalt pflegt im Wesentlichen unheilbare Geisteskranke aus den Kreisen Pinneberg und Herzogtum Lauenburg.

Pirna a. d. Elbe (Sachsen)

1. **Staatliche** Nervenheilanstalt **Maria-Anna-Heim**. Ebst. Pirna.

1,1 ha. Zahl der Kranken am 1. 1. 1937: 3 m., Zugänge im Vorjahr 75 m., 75 w., Abgänge: 75 m., 75 w., darunter 1 (m.) Todesfall. 34 Plätze. 1 Verpflegklasse. Anstaltsverwaltung: Ober-Med.-Rat Prof. Dr. *P. Nitsche*. Leitender Arzt: Professor Dr. *Zucker*. 2 Schwestern, 1 Hausmädchen. Gegründet: 1914. 1826 als Genesungshaus für rekonvaleszente Geisteskranke errichtet, als Nervenheilanstalt 1914 umgebaut für männliche und weibliche Nervenkranke (Geisteskranke und Krampfkranke ausgeschlossen). Beratungsstelle und Ambulatorium für Nerven- und Gemütskranke. Zugangsziffer des Ambulatoriums 1936: 475; außerdem 875 Konsultationen. Offene Anstalt. Psychiatrischer Außendienst der Anstalt Sonnenstein.

2. **Staatliche** Heil- u. Pflegeanstalt für Geisteskranke siehe unter Sonnenstein.

Plagwitz a. Bober

Provinzial-Heil- u. Pflegeanstalt. **Ebst.** **Plagwitz** a. Bober.

Areal 190 ha. Zahl der Kranken am 1. 1. 1937: 420 m., 463 w., Zugänge im Vorjahre 219 m., 181 w., Abgänge 164 m., 163 w., darunter Todesfälle 43 m., 44 w. 885 Plätze. 1 Verpflegklasse. Ärzte: Direktor Provinzial-Obermedizinalrat Dr. med. *Wilhelm Mohr*; Oberärzte: Dr. med. *Robert Hermann*, Dr. *Georg Winkler*; Abteilungsarzt Dr. med. *Johannes Sarawara*, Assistenzärzte: *Hildegard Albig*, Dr. med. *Otto Riemschneider*. 79 Pfleger, 54 Pflegerinnen.

Die Anstalt wurde in dem Mitte des 16. Jahrh. erbauten Schloß Plagwitz mit 100 Kranken eröffnet; von 1892 bis 1914 ausgebaut. Malariabehandlung der progressiven Paralyse für alle ndr.-schles. Anstalten hier zentralisiert. Psychiatrischer Außendienst. Familienpflege. Geschlossene Anstalt. Im Jahre 1913 wurde ein festes Haus für geisteskranke Verbrecher eröffnet. Die Anstalt dient auch zur Unterbringung von Verurteilten gemäß § 42b StGB.

Plauen i. Vogtl. (Sachsen)

Nervenabteilung des **Stadtkrankenhauses** Plauen i. Vogtl. Ebst. Plauen i. V.

Zahl der Kranken am 1. 1. 37: 21 m., 22 w., Zugänge im Vorjahr 342 m., 385 w., Abgänge 338 m., 383 w., darunter Todesfälle 45 m., 34 w. (davon 30 in den ersten 5 Tagen nach der Aufnahme). 60—70 Plätze. 3 Verpflegklassen. Leitender Arzt: Reg.-Med.-Rat Dr. *Ludwig Gaupp*; Assistenzarzt Dr. *Rudolf Colditz*. 18 Pflegepersonen. Gründungsjahr 1902. 1912 Gründung der Pfleganstalt Kauschwitz. Psychiatrischer Außendienst. Psychiatrische Beratungsstelle seit 1921. Geschlossene Anstalt. Stadtasyl.

Porz-Ensen (Reg. Bez. Köln)

Heil- und Pflegeanstalt der **Alexianerbrüder** für männliche Geisteskranke. Ebst. Gremberghoven (Strecke Köln-Gießen).

5 ha. Zahl der Kranken am 1. 1. 1937: 312 m., Zugänge im Vorjahr: 90 m., Abgänge 101 m., darunter Todesfälle 31 m. 325 Plätze. 3 Verpflegklassen. 1 Hausrektor. Ärzte: Oberarzt Dr. *Jos. Westermann*; Ass. Arzt Dr. *Wilfried Deering*. 43 Pflegepersonal. Geschlossene Anstalt mit offener Abteilung.

Potsdam

Brandenburgische **Landesanstalt** Potsdam. a) Krankenabteilungen. b) Abteilungen für Schwachsinnige. c) Erziehungsabteilungen. Ebst. Potsdam.

72 ha. Zahl der Kranken am 1. 1. 1937: 599 m., 508 w., Zugänge im Vorjahre 336 m., 301 w., Abgänge 278 m., 246 w., darunter Todesfälle 25 m., 18 w. 1159 Plätze. 1 Verpflegklasse. Ärzte: Direktor Dr. habil. *Hans Heinze*; Oberärzte: Dr. *Karl Voß*, Dr. *Julius Hallervorden*, Dr. *Edwin Notzke*, Dr. *Ernst Illing*; Assistenzärzte: *Werner Röhricht*, Dr. *Werner Borchers*, Fräulein *Friederike Pusch*; 2 Medizinalpraktikanten. 1 Oberpfleger, 37 Pfleger, 2 Oberpflegerinnen, 101 Pflegerinnen, 11 Handwerksmeister, 5 Wohlfahrtspfleger, 5 Jugendleiterinnen, 28 Erzieherinnen, 8 Hortnerinpraktikantinnen. 1 Pastor, 1 Rektor, 8 Lehrer und Lehrerinnen, 1 technische Lehrerin. Familienpflege z. Z. 200 Köpfe umfassend. Prosektur der Provinz Brandenburg, Leiter: Oberarzt Dr. *Julius Hallervorden*.

Proskau (Reg. Bez. Oppeln)

St. Josefsheim, Heil- und Pflegeanstalt für Geisteskranke mit Abt. für Siechkranke. Ebst. Oppeln.

2 ha. Zahl der Kranken am 1. 1. 1937: 176 m., 158 w., Zugänge im Vorjahr: 45 m., 38 w., Abgänge 33 m., 40 w., darunter Todesfälle: 12 m., 26 w. 280 Plätze. 1 Verpflegklasse. Leitung: Kuratorium des St. Adalberthospitals in Oppeln. Arzt: Dr. *Daletzko*, Oppeln. 20 Pflegepersonal. Geschlossene Anstalt mit offener Abteilung.

Queichheim b. **Landau** (Pfalz)

Abteilung Pflegeanstalt für körperlich und geistig Gebrechliche des Krankenhauses **St. Paulusstift.** Ebst. Landau (Pfalz).

1,5 ha. Zahl der Kranken am 1. 1. 1935: 170 m., Zugänge im Jahre 1936: 46 m., Abgänge 63 m,. darunter Todesfälle: 22 m. 170 Plätze. 2 Verpflegklassen. Die Anstalt ist Eigentum der Kongregation der Paulusbrüder und wird geleitet von einem Br. Vorsteher. Anstaltsarzt: Dr. med. *Feldbaum*, Landau (Pfalz). 20 Pfleger. Geschlossene Anstalt mit offener Abteilung.

Rabenhof (Kr. Ellwangen, Jagst, Württemb.)

Landesfürsorgeanstalt für Schwachsinnige.

55 m., 25 w. Anstalt als Bewahranstalt im Jahre 1896 erbaut; seit 1906 für Schwachsinnige. Anstaltsarzt: Dr. *Grundling* in Ellwangen. 70 Plätze.

Rasemühle bei **Göttingen** (Prov. Hannover)

Landes-Sanatorium für Nervenkranke. Ebst. Göttingen und Rosdorf a. d. Leine.

150 Plätze. 2 Verpflegklassen. Direktor Landes-Ober-Med.-Rat Dr. *K. Rapmund*, außerdem 2 Ärzte. 1 Oberin, 1 Schwester, 2 Pflegerinnen, 3 Bademeister. Gründungsjahr 1903. Offene Anstalt.

Rastatt

Pflegeanstalt für Geisteskranke.

3 ha. Kranke am 1. 1. 1936: 255 m., 222 w., Zugänge 82 m., 79 w., Abgänge 39 m., 38 w., Todesfälle 8 m., 18 w. Plätze: 600. 1 Verpflegklasse. Anstaltsdirektor Medizinalrat Dr. *Artur Schreck*. 18 Pfleger, 16 Pflegerinnen. Geschlossene Anstalt für vorwiegend chronische Fälle.

Ratibor (O. S.)

Irrenabteilung des städt. Krankenhauses.

1 ha. Kranke am 1. 1. 1936: 1 m., Zugänge: 33 m., Abgänge 32 m., 1 Verpflegklasse. Direktor des Krankenhauses Prof. Dr. med. *Bernhardt*; Assistent Dr. med. *Bendlowski*. Pfleger 1—2, Pflegerinnen nach Bedarf.

Ratingen (Reg. Bezirk Düsseldorf)

Pflegestation für evangelische schwachsinnige Mädchen Ebst. Ratingen.

Bestand am 1. 1. 1936: 59, Zugänge im Jahre 1936: 11, Abgänge 9. Plätze 60. 1 Verpflegklasse. Leiterin Schwester Elly Guthsohn. Anstaltsarzt: Dr. med. *Eigen*. Pflegerinnen 4. Geschlossene Anstalt mit teilweise offener Abteilung für Schwachsinnige leichten und mittleren Grades. Außerdem 5 Abteilungen für 146 weibliche Fürsorgezöglinge. 27 Erzieherinnen bzw. Pflegerinnen.

Regensburg

Oberpfälzische Heil- und Pflegeanstalt.

420 Tagwerk. Zahl der Kranken am 1. 1. 1937: 410 m., 490 w., Zugänge im Vorjahr: 212 m., 189 w., Abgänge 188 m., 161 w., darunter Todesfälle 33 m., 22 w. 3 Verpflegklassen. 950 Plätze. Ärzte: Direktor Ober-Med.-Rat Dr. *Karl Eisen*, Ober-Med.-Rat u. stellvertretender Direktor Dr. *Adolf Vierzigmann*, Med. Rat 1. Kl. Dr. *W. Korte*, Oberarzt Dr. *Joseph Plank*, Assistenzarzt Dr. *K. Karl*. 74 Pfleger, 75 Pflegerinnen. Gründungsjahr 1858. Geschlossene Anstalt mit offenen Abteilungen. Beratungsstelle für Psychisch- und Nervenkranke. Eheberatung.

Reichenbach (Oberpfalz, Bayern)

Private Wohltätigkeits- und Pflegeanstalt für männliche Blöde, Schwachsinnige, Epileptiker und Krüppelhafte von ca. 5 Jahren an, ferner für Altersgebrechliche. Ebst. Roßbach-Wald oder Nittenau.

107 ha. Zahl der Kranken am 1. 1. 1937: 522 m., Zugänge im Vorjahr: 67 m., Abgänge 72 m., darunter Todesfälle: 41 m. 532 Plätze. 1 Verpflegklasse. Anstaltsvorstand: P. Prior Edmund Fuchs. Hausarzt: Dr. *Fritz Klotz*, Amtsarzt von Roding. 27 klösterl. und 3 weltliche Pfleger. Geschlossene Anstalt. Private Anstalts-Hilfsschule mit staatlich geprüfter Lehrkraft. Gegründet 1891.

Remscheid-Lüttringhausen (Rheinland)

Heil- und Pflegeanstalt Stiftung **Tannenhof.** Ebst. Lüttringhausen.

200 Morgen. Zahl der Kranken 1. 1. 1936: 226 m., 366 w., Zugänge im Jahre 1936 137 m., 199 w., Abgänge 125 m., 188 w., darunter Todesfälle 30 m., 41 w. Plätze 580. 3 Verpflegklassen. Leitender Arzt: Dr. *Philipps*; 3 Anstaltsärzte, 1 Assistenzsarzt. Pflegepersonal 46 m., 79 w. Geschlossene Anstalt. Die Anstalt liegt ca. 330 m hoch in einem großen Park und ist in 11 Krankenhäuser aufgeteilt für Pensionäre 1. und 2. Klasse.

Renchen (Baden)

Heilstätte für Alkoholkranke. Ebst. Renchen.

4 ha. Zahl der Kranken am 1. 1. 1937: 33 m., Zugänge im Vorjahr 56 m., Abgänge 51 m. 36 Plätze. Leiter: A. Streich. Leitender Arzt: Direktor Dr. *Thumm*, Illenau. Hausvater u. Verwalter: Andreas Streich. 2 Pflegepersonen. Gründungsjahr 1905. Die Heilstätte gehört dem Badischen Landesverband gegen den Alkoholismus, Karlsruhe. Offene Anstalt. Psychiatrischer Außendienst und Nachpflege. Garten-, Land-, Haus- und Werkstättenarbeit.

Reutlingen (Württemberg)

Landesfürsorgeanstalt mit Abteilung f. Schwachsinnige.

Eröffnet 1893. 1936: 330 Pfleglinge, darunter 90 Schwachsinnige. Med. Rat Dr. *O. Beutter.*

Rheinbach (Landkreis Bonn)

Privat-Sanatorium **Villa Maria** für Nervenkranke. Post Rheinbach.

Wiedereröffnung im Sommer 1937. 25 Plätze.

Rickling (Holstein)

Heil- u. Pflegeanstalt des **Landesverein für innere Mission** in Schleswig-Holstein für Geisteskranke, Schwachsinnige, Epileptiker und Alkoholiker. Ebst. Rickling in Holstein.

Zahl der Kranken am 1. 1. 1937: 264 m., 161 w., Zugänge im Vorjahr: 141 m., 111 w., Abgänge: 87 m., 20 w., darunter Todesfälle: 20 m., 10 w. 460 Plätze. 1 Verpflegklasse. Leiter: Konsistorialrat Direktor Dr. Epha. Leitender Arzt: Dr. med. *Boldt*; Assistenzarzt: Frau Dr. med. *Boldt.* 35 m., 25 w. Pflegepersonal. Geschlossene Anstalt mit offener Abteilung.

Zugewiesene Trinker kommen nach Haus Falkenhag; dieses war am 1. 1. 1936 mit 22 Patienten belegt und hatte im Jahre 1936 33 Zugänge und 41 Abgänge. Es untersteht ebenfalls dem Landesverein für innere Mission und dem leitenden Arzt Dr. *Boldt.* Diakon Fielbrandt.

Riedhof bei **Ulm** (Württembg.)

Landesfürsorgeanstalt mit Abteilung für Schwachsinnige. **Post** Ulm-Söflingen.

Eröffnet 1892. 360 Plätze. Arzt: Dr. *W. Vogelgsang* in Ulm-Söflingen.

Riesenburg (Reg. Bez. Westpreußen)

Prov. Heil- und Pflegeanstalt. Ebst. Riesenburg.

312 ha. Zahl der Kranken am 1. 1. 1936: 296 m., 369 w., Zugänge im Jahre 1936: 159 m., 203 w., Abgänge 174 m., 198 w., darunter Todesfälle 32 m., 36 w. 742 Plätze. 2 Verpflegklassen. Ärzte: Dr. *Fahrenbruch*, Direktor; Dr. *Ludwig*, Erster Oberarzt; *Burdach*, Oberarzt; *Fritz*, Anstaltsarzt; *Ebelt*, Ass. Arzt. 58 Pfleger, 57 Pflegerinnen. Geschlossene Anstalt. Psychiatrischer Außendienst.

Rinteln a. d. Weser

Kuranstalt **Parkhof** für Nerven- u. Gemütskranke u. Sanatorium Schaumburg. Ebst. Rinteln a. d. Weser.

8—9 Morgen. Zahl der Kranken am 1. 1. 1937: 11 m., 13 w., Zugänge im Vorjahr: 25 m., 29 w., Abgänge: 20 m., 23 w., darunter Todesfälle: 1 m. 45 Plätze. 1 Verpflegklasse. Leiter: Sanitätsrat Dr. *H. Lehne*. 5 Pflegepersonal. Geschlossene Anstalt und Abteilung für freiwillige Pensionäre.

Rockwinkel siehe Bremen

Roderbirken bei **Leichlingen** (Rhld., Rhein-Wupper-Kreis)

Heilstätte für Innere und Nervenkranke der **Landesversicherungsanstalt** Rheinprovinz. Ebst. Leichlingen.

Zahl der Kranken am 1. 1. 1937: 158 m., 132 w., Zugänge im Jahre 1936: 1373 m., 1315 w., Abgänge 1345 m., 1318 w. 309 Plätze. 1 Verpflegklasse. Ärzte: Chefarzt Dr. *Fritz Koester*, Oberärzte Dr. *Friedrich Carl Beck*, Dr. *Karl Diemer*, Dr. *Walter Neuhaus*, Anstaltsarzt Dr. *Wilhelm Bose*, Ass.-Ärzte: Dr. *Ilse Heckmann*, Dr. *Franz Schoch*, 1 Praktikant. 10 Schwestern, 2 technische und Laboratoriums-Assistentinnen, 4 geprüfte Kräfte in den Badehäusern neben Licht- und elektr. Therapie, Diätküche.

Vom Berg. Verein für Gemeinwohl 1906 als Volksheilstätte für Nervenkranke gegründet, 1909 von der Landesversicherungsanstalt Rheinprovinz übernommen und vergrößert, neuerdings umgebildet zu einer Heilstätte für innere Erkrankungen (Lungenleiden aller Art außer Tbc., Stoffwechselerkrankungen, Herzleiden, allergische Erkrankungen) und für Nervenkrankheiten (Erschöpfungszustände und organische Nervenleiden; keine Psychosen). Aufnahmen von Versicherten, von Angehörigen von Kassen und Behörden und von Selbstzahlern aus der Rheinprovinz.

Römershag

Kreispflegeanstalt Römershag, Ufr. Ebst. Römershag (Ufr.).

Areal 11,140 ha. Zahl der Kranken am 1. 1. 1936: 38 m., 23 w., Zugänge im Jahre 1936: 10 m., 12 w. Abgänge 4 m., 4 w., darunter Todesfälle 3 m., 3 w. Plätze 81. 1 Verpflegklasse. Anstaltsarzt Dr. *Steichele* in Brückenau. Anstaltsverwalter J. Kausemann. Personal 14 w. Geschlossene Anstalt. In der Anstalt sind untergebracht unheilbare Krebs- und Lungenkranke, Krüppelhafte, Schwachsinnige und ruhig gewordene Geisteskranke.

Rommelshausen (Kr. Waiblingen, Württembg.)

Pflegeanstalt für Schwachsinnige u. Epileptiker. Ebst. Rommelshausen.

Zweiganstalt der Heil- und Pflegeanstalt in Stetten i. R. (siehe dort).

Rostock (Mecklenburg-Schwerin)

1. Psychiatrische und Nervenklinik u. Heil- u. Pflegeanstalt **Gehlsheim**. Ebst. Vorstadt-Rostock.

41 ha. Zahl der Kranken am 1. 1. 1937: 221 m., 168 w., Zugänge im Vorjahr: 724 m., 511 w., Abgänge: 774 m., 518 w., darunter Todesfälle 35 m., 81 w. 420 Plätze. 3 Verpflegklassen. Ärzte: vorläuf. beauftragter Direktor: Med. Rat Prof. Dr. *Braun*, Oberarzt Med. Rat Dr. *Skalweit*; Ass. Ärzte: Dr. *Schiersmann*, Dr. *Auer*, Frl. Dr. *Niemeyer*, Dr. *Liebert*. 3 Pfleger, 10 Pflegerinnen. 2 Nachtkrankenwärter, 40 Wärter, 42 Wärterinnen. Gründungsjahr 1896. Geschlossene Anstalt mit offenen Abteilungen für Nervenkranke, dazu eine Kinderabteilung. Zentralstelle für Psychopathenfürsorge. Poliklinik für Nervenkranke in der Stadt.

2. Privat-Nervenklinik Dr. **Melchert**, Bismarckstr. 24.

10 Plätze. 1 Verpflegklasse. Offene Anstalt. Arzt: Dr. *Melchert*, Facharzt für Neurologie und Psychiatrie.

Rotenburg (Hannover)

Heil- und Pflegeanstalt der **inneren Mission** für Epileptische, Geistesschwache und -kranke. Ebst. Rotenburg in Hannover.

1000 Morgen. Zahl der Kranken am 1. 1. 1937: 560 m., 394 w., Zugänge im Vorjahr: 44 m., 26 w., Abgänge 58 m., 32 w., darunter Todesfälle: 34 m., 22 w. 1100 Plätze. 2 Verpflegklassen. Direktor Pastor D. Dr. Buhrfeind. Leitender Arzt: Dr. med. *E. Rustige*; Abteilungsärzte: San. Rat Dr. *Roters*, Dr. *Krücke*, Dr. *Mecke*. 138 Schwestern, Hilfsschwestern u. Pfleger. Offene Anstalt mit geschlossenen Abteilungen. Eigene Hilfsschule. Außenfürsorge. Gegründet 1880.

Rottenmünster bei **Rottweil a. N.** (Württemberg)

Privatheilanstalt der Barmh. Schwestern von Untermarchtal für Nerven- und Geisteskranke. Ebst. Rottweil.

50 ha. Ärzte: Direktor Dr. *Wrede*, Facharzt für Psychiatrie u. Neurologie; Oberarzt Dr. *Eha*, Oberarzt Dr. *Stehle*; 3 Assistenzärzte. 140 Schwestern, 20 Pfleger. Bestand am 1. 1. 1937 277 m. und 433 w., Aufnahmen 1936: 251 m. und w. Entlassungen 1936: 188 m. und w. Gründungsjahr 1864 in Schwäb.-Gmünd; 1898 nach Rottenmünster verlegt; 1932 großer Neubau. Offene und geschlossene Abteilungen für alle Arten von Gemüts- und Geisteskranken. Offene Sanatoriums-Abtlg. für Nervenkranke. Entziehungskuren, Psychotherapie, Wasserheilverfahren, Arbeitstherapie, Gymnastik usw.

Rudolstadt (Thüringen)

Städtisches Versorgungsheim. Ebst. Rudolstadt.

Zahl der Kranken am 1. 1. 1936: 62 m., 75 w., Zugänge im Jahre 1936: 33 m., 31 w., Abgänge 17 m., 18 w., darunter verstorben 5 m., 6 w. 160 Plätze. 1 Verpflegklasse. Heimleiter: Kurt Fritz. Anstaltsarzt: Polizeistadtarzt Dr. F. *Rostock*. 4 Pfleger, 4 Pflegerinnen. Geschlossene Anstalt mit offener Abteilung.

Saalhausen

Bezirksheim für Geisteskranke und Lungenkranke. Eigentümer: Bezirksvorstand der Amtshauptmannschaft Dresden. Ebst. Freital-Zauckerode.

56 ha. Zahl der Kranken am 1. 1. 1936: 134 m., 163 w., Zugänge im Jahre 1936: 42 m., 61 w., Abgänge 38 m., 64 w., darunter Todesfälle 17 m., 40 w. 310 Plätze. 3 Verpflegklassen. Ärzte: Verw. Med. Rat Dr. med. *Fritz Kunze*, Vertreter Dr. med. *Hermann Müller*, Freital. 6 Pfleger, 11 Pflegerinnen. Offene Anstalt mit geschlossenenen Abteilungen. (Kleine Abteil. für Tuberkulöse). Arbeitstherapie in der eigenen Landwirtschaft, Gärtnerei und den Werkstätten.

Saarow Bad (Mark)

Sanatorium Eibenhof auf Rittergut Saarow (Mark) zur Behandlung innerer und nervöser Krankheiten (hormonale Regenerationskuren). Ebst. Fürstenwalde (Spree).

Leitender Arzt: Dr. med. *Grabley*. 30 Plätze.

Saffig (Rheinprovinz, Kreis Mayen)

Heil- und Pflegeanstalt der **Barmherzigen Brüder** für männliche Geistes- u. Nervenkranke. Ebst. Plaine.

24 Morgen. Zahl der Kranken am 1. 1. 1936: 263, Zugänge im Jahre 1936: 105, Abgänge 62, darunter Todesfälle 16. 3 Verpflegklassen. Leitender Arzt: Dr. med. *Alfons Laskowski*. 41 Pfleger. Geschlossene Anstalt mit offener Abteilung.

Sagern siehe Wichernheim.

Sandhorst (Reg. Bez. Aurich, Prov. Hannover)

1. **Privat**-Heil- u. Pflegeanstalt **Neusandhorst** für Geisteskranke. Ebst. Aurich.

Zahl der Kranken am 1. 1. 1937: 7 m., 4 w. 12 Anstaltsplätze. 1 Verpflegklasse. Besitzer Reinhard de Buhr, Bauer. Aufsicht der Kreisarzt. Pflege leistet die Familie R. de Buhr. Offene Anstalt.

2. **Privat**-Heil- u. Pflegeanstalt für Geisteskranke. Ebst. Aurich.

Zahl der Kranken am 1. 1. 1937: 7 m., 16 w., Zugänge im Vorjahr: 1 m., 1 w., Abgänge 1 m., darunter Todesfälle: 1 m. 24 Plätze. 1 Verpflegklasse. Leiter Gerd Börchers. Aufsicht der Kreisarzt. Offene Anstalt.

Sayn bei **Benndorf** (Reg. Bez. Koblenz)

Israelitische Kuranstalten (**Jacoby**sche Heil- u. Pflegeanstalt f. Nerven- u. Gemütskranke). Ebst.: Benndorf-Sayn. (Westerwaldbahn).

60 Morgen. Zahl der Kranken am 1. 1. 1937: 78 m., 95 w. 190 Plätze. Ärzte: Leiter Dr. *Paul Jacoby*, Dr. *Fritz Jacoby*. 10 Pfleger, 10 Schwestern. Gründungsjahr 1870. Geschlossene Anstalt mit offener Abteilung.

Scheuern bei **Nassau a. d. L.** (Reg. Bez. Wiesbaden)

Heilerziehungs- und Pflegeanstalt für Geistesschwache und Epileptische. Ebst. Nassau a. d. Lahn.

60½ ha. Zahl der Kranken am 1. 1. 1937: 443 m., 334 w., Zugänge im Vorjahr: 104 m., 40 w., Abgänge: 55 m., 28 w., darunter Todesfälle 10 m., 6 w. 800 Plätze. 2 Verpflegklassen. Direktor: K. Todt, Pädagoge; dirig. Arzt: Dr. med. *Anthes*. 22 Pfleger, 24 Pflegerinnen. Offene Anstalt. 1851 als Knabenrettungsanstalt gegründet, 1870 in eine Erziehungs- und Pflegeanstalt für Geistesschwache und Epileptische umgewandelt. Neben einer Zweiganstalt in Langen besitzt die Anstalt 2 Gutshöfe mit 65 ha. — Besitzer: Innere Mission.

Schkeuditz (Reg. Bez. Merseburg, Preußen)

Nervenheilanstalt der Knappschafts-Berufsgenossenschaft, **Bergmannswohl**. Ebst. Schkeuditz.

54 Morgen. Zahl der Kranken am 1. 1. 1937: 57 m., 4 w., Zugänge im Vorjahr 2375 m., 327 w., Abgänge 2368 m., 330 w., Todesfälle 3 m. 200 Plätze. 3 Verpflegklassen. Ärzte: Chefarzt Prof. Dr. *Friedrich Quensel*; Oberarzt: Dr. *Rudolf Tetzner*; Assistenzärzte: Dr. *Otto Vauck*, Dr. *Hans Jansen*, Dr. *Walter Altekrüger*; Med.-Praktikant: *Hans Ludwig*. 14 Pfleger, 2 Schwestern. Gründungsjahr 1910. Offene Anstalt.

Schleswig (Prov. Schleswig-Holstein)

Landesheil- und Pflegeanstalt Schleswig-Stadtfeld. Ebst. Schleswig.

159 ha. Zahl der Kranken am 1. 1. 1937: 736 m., 837 w., Zahl der Zugänge im Vorjahr 290 m., 361 w., der Abgänge 229 m., 304 w., darunter Todesfälle 74 m., 78 w. 1678 Plätze. 3 Verpflegklassen. Ärzte: Direktor Dr. *Carl Grabow*, Stellvertreter Dr. *Richard Eichbaum*; Oberärzte: Dr. *Hans Schultze*, Dr. *Heinrich Struck*, Dr. *Johannes Krey*, Dr. *Hans Burkhardt*, Dr. *Karl Schunck*. Außerdem 1 Assistenzarzt und 2 Medizinalpraktikanten. 275 Pflegepersonal. Gründungsjahr 1820. Geschlossene Anstalt mit offenen Abteilungen. Psychiatrischer Außendienst, erbbiologischer Außendienst, Familienpflege, Beratungsstelle für psychisch und Nervenkranke. Angeschlossen verschiedene Privatanstalten mit 100 m. und 225 w. Kranken: Klosterhof, Sophienhöhe, Behrendstamm und Greve-Königsberg. Sie werden von der Landesheilanstalt Schleswig-Stadtfeld aus betreut und bekommen nur chronische Geisteskranke.

Schleswig-Klappschau

Privat-Pflegeanstalt für Geisteskranke in Klappschau b. Schleswig. Ebst. Schleswig.

70 ha. Zahl der Kranken am 1. 1. 1937: 89 w., Zugänge im Vorjahr: 6 w., Abgänge 7 w., darunter Todesfälle 1 w. 89 Plätze. 2 Verpflegklassen. Leiter: Dr. *Berendsen*. 5 Pflegepersonal. Geschlossene Abteilung mit offener Abteilung.

Schönbrunn (Oberbayern)

Pflegeanstalt für geistig u. körperlich Gebrechliche. Ebst. Röhrmoos, Oberb.

230 ha. Zahl der Kranken am 1. 1. 1937: 610 m., 590 w., Zugänge im Vorjahr 111 m., 67 w., Abgänge 90 m., 59 w., darunter Todesfälle 43 m., 39 w. 1230 Plätze. 1 Verpflegklasse. Anstaltsdirektor Jos. Steininger; Anstaltsarzt Dr. *Jos. Steinbacher*. 250 Pflegepersonal. Offene Anstalt mit mehreren geschlossenen Abteilungen.

Schönecken (Kr. Prüm, Rheinprovinz)

St. Vincenzhaus, Pflegeanstalt für geistesschwache Mädchen. Eigentum der Vincentinerinnen. Ebst. Prüm. Eröffnet 1904.

30 Plätze.

Schreiberhau siehe Oberschreiberhau.

Schussenried (Württemberg)

Staatliche Heilanstalt. **Ebst.** Schussenried.

53 ha. Zahl der Kranken am 1. 1. 1937 328 m., 260 w., Zugänge im Vorjahre 75 m., 66 w., Abgänge 73 m., 70 w., darunter Todesfälle 9 m., 14 w. 600 Plätze. 3 Verpflegungsklassen. Ärzte: Direktor Ober-Med.-Rat Dr. *Hans Koch*; Oberärzte: Med.-Rat Dr. *August Weinland*, Med.-Rat Dr. *Paul Morstatt*, Assistenzarzt: Dr. *Fritz Barlen*. 50 Pfleger, 48 Pflegerinnen. Gründungsjahr 1875, eröffnet in der ehemaligen Prämonstratenser-Abtei. Geschlossene Anstalt. Landwirtschaftliche Kolonie. Familienpflege.

Schwäbisch-Hall siehe **Hall** (schwäbisch).

Schweinspoint (Reg. Bez. Schwaben)

Wohltätigkeits- u. Pflegeanstalt. Ebst. Rain a. Lech.

Zahl der Kranken am 1. 1. 1936: 266 w., Zugänge im Jahr 1936: 51 w., Abgänge 48 w., darunter 30 Todesfälle. Plätze: 270. 1 Verpflegklasse. Leiter der jeweilige Prior. Hausarzt *Dr. Eichinger* in Rennrotshofen. 45 Pfleger, 3 Pflegerinnen. Geschlossene Anstalt.

Schwerin i. M.

Heil- und Pflegeanstalten **Sachsenberg-Lewenberg** zu Sachsenberg bei Schwerin. Ebst. Schwerin i. M.

1. Heil- und Pflegeanstalt Sachsenberg.

63 ha. Zahl der Kranken am 1. 1. 1937: 319 m., 328 w., Zugänge im Vorjahr 219 m., 210 w., Abgänge 213 m., 192 w., darunter Todesfälle 34 m., 31 w. 700 Plätze. 3 Verpflegklassen. Ärzte: Direktor Obermedizinalrat Dr. *Johannes Fischer*; Oberarzt Medizinalrat Dr. *Walter Medow*; Anstaltsarzt Dr. *Alfred Leu*; Assistenzärzte: Dr. *Hans-Heinrich Braunroth*, Dr. *Hans Wiepking*. 140 Pflegepersonal. Gründungsjahr 1830. Geschlossene Anstalt mit offener Abteilung.

2. Kinderheim Lewenberg (Heil- u. Pflegeanstalt für geistesschwache Kinder).

18 ha. Zahl der Kranken am 1. 1. 1937: 128 m., 112 w., Zugänge im Vorjahr 25 m., 29 w., Abgänge 35 m., 34 w., darunter Todesfälle: 4 m., 5 w. 295 Plätze. 2 Verpflegklassen. Oberarzt Medizinalrat Dr. *Franz Schlund*. Pflegepersonal: 48. Gründungsjahr 1867. Offene Anstalt.

Sechtem (Reg. Bez. Köln)

Heilerziehungsanstalt für schwachsinnige Kinder, **Graue Burg.** Ebst. Sechtem.

112 ar. Zahl der Kranken am 1. 1. 1936: 4 m., 2 w., Zugänge im Jahr 1936: 1 m., 1 w., Abgänge 1 w. 12 Plätze für Kinder. 1 Verpflegklasse. Der Anstalt für seelisch abnorme Kinder in Bonn angegliedert; Oberarzt Dr. *Schmitz*. 1 Pfleger, 2 Pflegerinnen. Offene Anstalt.

Seefrieden bei **Moritzburg** siehe Moritzburg

Siloah siehe Lintorf.

Sinsheim (Baden)

Kreispflegeanstalt. Ebst. Sinsheim a. d. E.

Zahl der Verpflegten am 1. 1. 1937: 161 m., 215 w., Zugänge im Vorjahr 52 m., 45 w., Abgänge 22 m., 16 w., Todesfälle 25 m., 22 w. 375 Plätze. 3 Verpflegklassen. Direktor Dr. *Weber*. 16 Schwestern. 4 offene und 2 geschlossene Abteilungen.

Sohland a. R.

Martinstift, Pflegeanstalt f. Schwachsinnige. Ebst. Reichenbach O. L.

7,20 ha. Zahl der Kranken am 1. 1. 1936: 47 m., 40 w., Zugänge im Jahr 1936: 6 m., 3 w., Abgänge 5 m., 4 w., darunter Todesfälle 1 m., 2 w. 96 Plätze. 1 Verpflegklasse. Geschäftsführung: Oberlehrer Beyer in Reichenbach O. L. Arzt: prakt. Arzt *C. Lochmann*, Reichenbach O. L. Pflegepersonal 2 m., 4 w. Geschlossene Anstalt.

Sonnenstein b. **Pirna** (Sachsen)

Landesheil- und Pflegeanstalt. Ebst. Pirna.

126 ha. Zahl der Kranken am 1. 1. 1937: 336 m., 448 w., Zugänge im Vorjahr 150 m., 200 w., Abgänge 140 m., 188 w., darunter Todesfälle 35 m., 31 w. 850 Plätze. 2 Verpflegklassen. Ärzte: Direktor und Chefarzt Ober-Med. Rat Prof. Dr. *Paul Nitsche*; stellvertretender Direktor Reg. Med. Rat Dr. *Friedhelm Liebold*; Reg. Med. Rat Dr. *Ernst-Adolf Schmorl*; Ass. Ärzte: Dr. *Gerhard Dannhorn*, Dr. *Walter Dowald*, Dr. *Adolf Albrecht*. 2 Medizinalpraktikanten. 50 Pfleger, 57 Schwestern, dazu Hilfs personal. Gegründet 1811. Siehe 1. von Nostitz und Jänckendorff: Beschreibung der Königl. Sächs. Heil- und Verpflegungsanstalt Sonnenstein, 3 Bände, 1829. Dresden, Verlag der Walther'schen Buchhandlung; 2. Georg Ilberg: Von der Gründung der Irrenanstalt Sonnenstein im Jahre 1811 und der Behandlung der Seelenkranken daselbst vor 100 Jahren. (Allg. Zeitschr. f. Psych. Bd. 84.) Geschlossene Anstalt mit offenen Abteilungen. Psychiatr. Außendienst für anstaltsentlassene Nerven- und Gemütskranke. Beratungsstelle für psychisch und Nervenkranke in der der Anstalt angegliederten staatlichen Nervenheilanstalt Maria-Anna-Heim (siehe unter Pirna).

Sorau (Prov. Brandenburg)

Landesanstalt. Ebst. Sorau.

325 ha. Zahl der Kranken am 1. 1. 1937: 531 m., 843 w., Zugänge im Vorjahr: 196 m., 282 w., Abgänge: 180 m., 288 w., darunter Todesfälle: 41 m., 71 w. 1399 Plätze. 2 Verpflegklassen. Ärzte: Direktor Dr. *Paul*

Schmidt, Oberärzte: Dr. *Wolfgang Dreibholz*, Dr. *Otto Mohr*, Dr. *Franz Hamann*, Dr. *Ernst Weiß*, Assistenzärzte: Dr. *Kurt Langer*, Dr. *Lore Krüger*. 3 Oberpfleger, 112 Pfleger, 4 Oberpflegerinnen, 119 Pflegerinnen, 33 Lernpflegerinnen. Geschlossene Anstalt. (Das Stammhaus, ein schloßartiger Barockbau, wurde 1723 vom Reichsgrafen Erdmann II von Promnitz errichtet; 1810 kauften es die Stände der Niederlausitz. 1812 wurde das Promnitzhaus zu einer Heilanstalt für Gemütskranke erweitert.

Stadtroda (Thüringen)

Thüring. **Landes**heilanstalten (Krankenhaus, Abt. für Geisteskranke, Beobachtungsheim, asoziale Abteilungen). Ebst. Stadtroda.

Zahl der Kranken am 1. 1. 1937: 311 m., 236 w., Zugänge im Vorjahr: 718 m., 739 w., Abgänge: 750 m., 764 w., darunter Todesfälle: 80 m., 75 w. 670 Plätze. 2 Verpflegklassen. Ärzte: Prof. Dr. *Kihn*, Leiter; Med.-Rat Dr. *Schenk*; Assist.-Arzt Dr. *Flothmann*, Assist.-Arzt Dr. *Wutz*, Assistenzärztin Dr. *Hielscher*, Assistenzärztin Dr. *Juegensohn*, Volontärarzt *Titruschka*. 4 Schwestern, 112 Pfleger und Pflegerinnen. Beratungsstelle. Familienpflege.

Stenken (Reg. Bez. Königsberg)

Ostpreußische Heilstätte für männliche Alkoholkranke in Landgut Stenken. Ebst. Nautzken.

30 Plätze für Männer. 1 Verpflegklasse. Leiter und Arzt: Dr. *Immanuel Reichardt*. Gegründet 1927 von den Anstalten der Inneren Mission in Carlshof b. Rastenburg, Ostpreußen. Offene Anstalt. Beratungsstelle für Alkoholkranke.

Stetten i. Remstal (Kr. Waiblingen, Württembg.)

Heil- u. Pflegeanstalt der **Inneren Mission** für Schwachsinige und Epileptiker.

Zahl der Kranke am 1. 1. 37: 418 m., 334 w., Zugänge im Vorjahr 49 m., 40 w., Abgänge 35 m., 21 w., darunter Todesfälle: 19 m., 6 w. 750 Plätze. 3 Verpflegklassen. Leitender Arzt: Dr. *Albert Gmelin*. Inspektor: Pfr. Ludwig Schlaich. 33 Pfleger, 35 Pflegerinnen. Gründungsjahr 1849 in Rieht bei Vaihingen a. d. Enz, seit Mai 1864 in Stetten i. R. Offene Anstalt. Zweiganstalt in Pommelshausen (Kr. Waiblingen, Württemberg), Pflegeanstalt.

Stralsund (Prov. Pommern)

Provinzialheilanstalt Ebst. Stralsund.

102 ha. Zahl der Kranken am 1. 1. 1937: 509 m., 592 w., Zugänge im Vorjahr 164 m., 253 w., Abgänge 128 m., 181 w., darunter Todesfälle 36 m., 59 w. 1217 Plätze. 3 Verpflegklassen. Direktor: Landesrat Kurt Drews,

Ärzte: Stellv. Direktor Medizinalrat Dr. *Lauschner*; Medizinalrat Dr. *Otto Unruh*, Oberarzt Dr. *Hermann Plaue*, Assistenzärzte Dr. *Albert Ziehm*, Dr. *Ketzenberg*. 183 Pflegepersonal. Gründungsjahr 1912. Psychiatrischer Außendienst, Familienpflege. Festes Haus für 50 geisteskranke Verbrecher.

Straubing (Niederbayern)

1. **Pflege**anstalt. Ebst. Straubing.

Zahl der Kranken am 1.1.1936: 660 m., Zugänge im Jahre 1936: 125 m., Abgänge: 100 m., darunter Todesfälle: 63 m. 685 Anstaltsplätze. 2 Verpflegklassen. Direktor: Anstaltsvorstand: Fleischmann. Hausarzt, 'Bezirksarzt Dr. *Kaestel*, Straubing. 50 Pfleger. Geschlossene Anstalt mit offener Abteilung.

2. Zuchthaus und Sicherungsanstalt, Irrenabteilung.

13 a. Zahl der Kranken am 1. 1. 36: 52 m., Zugänge im Jahre 1936 28 m., Abgänge 56 m., darunter Todesfälle 1 m. Anstaltsplätze: 60 Plätze, dazu 16 Isolierzellen. 2 Kostformen. Direktor Ob.-Reg.-Rat Wirtzmann; Arzt: Dr. med. *Seibert*. Pflegepersonal: 16 m. Geschlossene Anstalt.

Striegau-Land (Reg. Bez. Breslau)

Heil- u. Erziehungsinstitut für seelenpflegebedürftige Kinder: **Schloß Pilgramshain,** Striegau-Land. Ebst. Striegau.

6 ha. Zahl der Kranken am 1. 1. 36: 51. — Zugänge: im Jahr 1936 12, Abgänge: 11. 60 Plätze. 1 Verpflegklasse. Direktor Albrecht Strohschein; leit. Arzt Dr. med. *Georg Groot*. 5 Pfleger. 5 Pflegerinnen. Offene Anstalt. Beratungsstelle für abnorme Kinder. Das Institut nimmt insbes. gehemmte und schwer erziehbare Kinder auf, es ist eine Privatschule mit ständiger ärztlicher Betreuung.

Stuttgart

Bürgerhospital, psychiatrisch-neurologische Abteilung.

Zahl der Kranken am 1. 1. 1937: 55 m., 66 w., Zugänge im Vorjahr: 791 m., 743 w., Abgänge: 804 m., 725 w., darunter Todesfälle: 56 m., 44 w. 146 Plätze. 3 Verpflegklassen. Ärztlicher Direktor: Prof. Dr. *Wetzel*; Oberärzte: Dr. *Hans Sexauer*, Dr. *Ilse Graf*; 4 Assistenzärzte, 1 Volontärarzt, 1 Med. Prakt. 35 Pflegepersonal. Psychiatrische und neurologische Abteilung. Angegliedert Fürsorgestelle des Bürgerhospitals für Krankenhaus- und Entlassenefürsorge.

Süchteln (Reg. Bez. Düsseldorf, Rheinprovinz)

Provinzial-Heil- und Pflegeanstalt **Johannistal** für Epileptiker u. Geisteskranke. Ebst. Süchteln, Elektr. Strb. Bahnhof Viersen (25 Minuten), Bahnhof M.-Gladbach (55 Minuten).

146,5 ha. Zahl der Kranken am 1. 1. 1937: 885 m., 769 w.; davon in Heimpflege 139 w. Zugänge im Vorjahr: 613 m., 440 w., darunter aus anderen Anstalten: 352 m., 124 w. Abgänge: 262 m., 205 w.; darunter Todesfälle 78 m., 74 w. 1285 Plätze. 2 Verpflegklassen. Ärzte: Direktor vertretungsweise Oberarzt Dr. *Kleine*, Oberärzte: Dr. *Richard Settels*, Dr. *Otten*, Dr. *Fritz Polstorff*; Anstaltsärzte: Dr. *Hans Lewenstein*, Dr. *Heinrich Stein*, Dr. *Heinen*; Volontärärzte: Dr. *Josef Haarhoff*, Dr. *Luise Haag*; 1 Medizinalpraktikant. Gründungsjahr 1905. 88 Pfleger, 84 Pflegerinnen incl. Oberpflegepersonal. Beratungsstelle für Psychisch- und Nervenkranke. Nervenabteilung. Geschlossene Anstalt mit offenen Abteilungen. DerAnstalt ist die Bildungs- und Erziehungsanstalt Waldniel bei München-Gladbach Ende 1936 als Annex (mit 600 Plätzen) angefügt worden.

Tapiau (Provinz Ostpreußen)

Provinzial- Heil- und Pflegeanstalt. Ebst. Tapiau.

Zahl der Kranken am 1. 1. 1937: 702 m., 668 w., Zugänge im Jahr 1936: 250 m., 255 w., Abgänge: 220 m., 350 w., darunter Todesfälle: 60 m., 58 w. 1292 Plätze. Ärzte: Direktor Dr. *Krakow*; I. Oberarzt Dr. *Krüger*; Oberarzt Dr. *George*, Oberarzt Dr. *Witetzki*, Oberarzt *Pisselhoy*; Anstaltsarzt Dr. *Persch*; Ass. Ärzte: Dr. *Hildegard Legien*, Dr. *Rudi Kurzweg*. 142 Pfleger, 95 Pflegerinnen. 1 Verpflegklasse. Im Bewahrungshause befanden sich 70 m. Patienten.

Taufkirchen a. Vils

Oberbay. **Landes**fürsorgeanstalt; Pflegeanstalt für geistig und körperlich Unbeholfene. Ebst. Taufkirchen a. Vils.

6 ha. Zahl der Kranken am 1. 1. 1936: 176 m., 116 w., Zugänge im Jahre 1936: 102 m., 34 w., Abgänge: 82 m., 27 w., darunter Todesfälle: 38 m., 17 w. 350 Plätze. 1 Verpflegklasse. Wird von Schwestern geleitet (kein Direktor). Nebenamtlicher Arzt: Dr. *Zistl*, prakt. Arzt in Taufkirchen a. Vils. 1 Pfleger, 18 Pflegerinnen. Offene Anstalt mit geschlossener Abteilung.

Telgte (Provinz Westfalen)

St. Rochus-Hospital. Ebst. Telgte.

Abt. I (geschlossene Abt.) private Heil- u. Pflegeanstalt für weibl. Geisteskranke.

Zahl der Kranken am 1. 1. 1937: 380, Zugänge im Vorjahr 113, Abgänge 96, darunter Todesfälle 17. Plätze 360, 3 Verpflegklassen.

Abt. II (offene Abt.) allgem. ländl. Krankenhaus. 40 Plätze.

Chefarzt: Dr. *Anton Sicking*, 2. Arzt: Dr. *Jakob Hühnerfeld*. 70 Schwestern. Gründungsjahr 1848.

Templin (Uckermark)

Heilerziehungsheim der **Stadt Berlin** für psychopathische Knaben. **Ebst.** Templin.

1½ ha. Zahl der Kranken am 1. 1. 36: 32, Zugänge: 19, Abgänge: 19. Kein Todesfall. Plätze: 32. 1 Verpflegklasse. Anstaltsleiter: Steumann, Erziehungsinspektor. Beratender und überwachender Arzt: Dr. *Kühnel*, Psychiater der Fürsorge-Erziehungsbehörde Berlin. 4 Pfleger, 1 Pflegerin. Offene Anstalt. Vermittlung von Familienpflege und Lehrstellen.

Teupitz (Kreis Teltow, Prov. Brandenburg)

Brandenburgische **Landesanstalt.** Ebst. Teupitz-Großköris.

164 ha. Zahl der Kranken am 1. 1. 1937: 698 m., 959 w., Zugänge im Vorjahr 110 m., 143 w., Abgänge 128 m., 141 w., darunter Todesfälle 54 m., 52 w. 1754 Plätze. 2 Verpflegklassen. Ärzte: Direktor Dr. *Erich Noack*; I. Oberarzt Dr. *Oskar Rein*, I. Oberarzt Dr. *Karl Sitzler*, Oberarzt Dr. *Kurt Hellwig*, Oberärztin Dr. *Bertha Wüsten*; Assistenzärzte Dr. *Wolfgang Dahl*, *Rudolf Roesen*, *Siegfried Rieckmann*. 141 Pfleger, 169 Pflegerinnen. Gründungsjahr 1908. Geschlossene Anstalt mit offener Abteilung. Familienpflege.

Thekoa siehe Eckardsheim.

Tilbeck i. Westf. (Post Schapdeken)

Stift Maria Hilf, Heil- u. Pflegeanstalt für weibliche Epileptiker jeden Alters.

Zahl der Kranken am 1. 1. 1936: 633, Zugänge 108, Abgänge 73, darunter Todesfälle: 18. 725 Plätze. 1 Verpflegklasse. Direktor: Heinr. Rampelmann. Chefarzt: Dr. *F. Steggemann*, 2. Arzt Dr. *Steggemann-Nienhaus*. 77 Pflegerinnen. Geschlossene Anstalt.

Tost (Prov. Oberschlesien)

Landesheil- und Pflegeanstalt. Ebst. Tost (O. S.).

115 ha. Zahl der Kranken u. Verpflegten am 1. 1. 37: 272 m., 326 w., Zugänge im Vorjahr: 193 m., 158 w., Abgänge: 193 m., 160 w., darunter Todesfälle: 12 m., 23 w. 648 Anstaltsplätze. 2 Verpflegungsklassen. Ärzte: Landesobermedizinalrat Dr. *Theodor Herzberg*, Landesmedizinalrat Dr. *Alfons Schwiedler*; Abteilungsärzte: Dr. *Ernst Buchalik*, *Josef Riepenhausen*; Assistenzärzte: *Josef Gladisch*, Dr. *Otto-Ernst Feld*, *Hubert Kleebank*. 68 Pfleger, 55 Pflegerinnen. Gründungsjahr: 1890. Geschlossene Anstalt. Familienpflege.

Tötensen (Lüneburger Heide — Bezirk Hamburg)

Sanatorium Ginsterhof für Nerven- und innere Krankheiten. Ebst. Post über Harburg-Wilhelmsburg 1.

Zahl der Kranken am 1. 1. 1937: 7 m., 12 w., Zugänge im Jahr 1936: 82 m., 144 w., Abgänge 87 m., 157 w., darunter 2 m. u. 3 w. Todesfälle. 28 Plätze. 1 Verpflegklasse. Arzt: Dr. med. *Arthur Hof*. Die klinisch geleitete Anstalt verfügt außer allen notwendigen Hilfsmitteln über eine große hydro- u. elektrotherapeutische Einrichtung.

Treffurt (Werra)

Privat-Heil- und Pflegeanstalt für Nervenkranke; staatlich konzessioniertes Haus. Ebst. Treffurt.

Zahl der Kranken am 1. 1. 1937: 4 m., 10 w., Zugänge im Jahr 1936: 2 m., 3 w., Abgänge 2 m., 3 w. 15—18 Plätze. 1 Verpflegklasse. Personal: 1 Pflegerin, 2 Hausmädchen. Leitender Arzt: Dr. med. *G. Rausch;* Besitzer *Hermann Rausch.*

Treptow a. d. Rega (Prov. Pommern)

Provinzialheilanstalt. Ebst. Treptow a. d. R.

112 ha. Zahl der Kranken am 1. 1. 1937: 420 m., 529 w., Zugänge im Vorjahr 217 m., 238 w., Abgänge 199 m., 247 w., darunter Todesfälle 34 m., 35 w. 1095 Plätze. 3 Verpflegungsklassen. Ärzte: Direktor Prov. Obermed.-Rat Dr. *Franz Lüddecke*, 1. stellv. Dir.: Prov. Med.-Rat Dr. *Theophil Mootz*, 2. stellv. Dir.: Prov. Med.-Rat Dr. *Rudolf Henkel*, Oberarzt: Dr. *Josef Wintergerst*, Assistenzarzt: Dr. *Richard Lefke*. 66 Pfleger. 79 Pflegerinnen. Gründungsjahr 1900. Psychiatrischer Außendienst. Geschlossene Anstalt mit offenen Abteilungen und 2 Pensionaten für Kranke I. und II. Klasse.

Treysa (Bez. Kassel, Provinz Hessen-Nassau)

Hephata, Erziehungs-Heil- und Pflegeanstalt für Schwachsinnige und Psychopathen. Ebst. Treysa.

Zahl der Kranken am 1. 1. 37: 302 m., 200 w., Zugänge im Vorjahr 58 m., 16 w., Abgänge 42 m., 18 w., darunter Todesfälle 10 m., 5 w. 520 Plätze. 2 Verpflegklassen. Direktor: Pfarrer D. Friedrich Happich. Leitender Arzt: Dr. med. *Wilhelm Wittneben*, Abt.-Arzt: Dr. med. *Burkert*. 92 Pflegepersonal. Gründungsjahr 1893. Offene Anstalt mit geschlossenen Abteilungen.

Trier (Rheinprovinz)

Heil- und Pflegeanstalt der **Barmherzigen Brüder** für männliche Geisteskranke, Epileptiker u. Schwachsinnige.

Zahl der Kranken am 1. 1. 1937: 665. 670 Plätze. 3 Verpflegklassen. Eigentum der Genossenschaft der Barmh. Brüder von Trier. Chefarzt: Med.-Rat a. D. Dr. *Jakob Faas*, Facharzt f. Psychiatrie und Neurologie, Ass.-Arzt: Dr. *Wilhelm Tieke*. 54 Pfleger. Geschlossene Anstalt mit offener Abteilung.

Tübingen (Württemberg)

Universitäts-Nervenklinik.

4 ha. Zahl der Kranken am 1. 1. 37: 56 m., 75 w., Zugänge im Vorjahr: 1014 m., 769 w., Abgänge 1007 m., 743 w., darunter Todesfälle: 7 m., 21 w. 200 Plätze. 3 Verpflegklassen. Ärzte: Direktor o. Prof. Dr. *Hermann Hoffmann*; Oberärzte: Dr. *Konrad Ernst*, Dr. *Wilhelm Ederle*; Assistenzärzte: Dr. *Otto Thiel*, Dr. *Otto Rogal*, Dr. *Hermann Stutte*, Dr. *Marie Luise Thraum*; Volontärärzte: Dr. *Josef Fauler*, Dr. *Klemens Rembold*, Dr. *Eleonore Schittenhelm*. 21 Pfleger, 24 Pflegerinnen, 10 Diakonissen. Gründungsjahr 1894. Seit 1919 Kinderabteilung in besonderem Gebäude. Geschlossene Anstalt mit offener Abteilung. Poliklinik.

Uchtspringe (Altmark, Provinz Sachsen)

1. **Landes**heilanstalt. Ebst. Uchtspringe.

Zahl der Kranken am 1. 1. 1937: 707 m., 564 w.; darunter unter 14 Jahren 186 m., 96 w., Zugänge im Vorjahr: 193 m., 164 w., Abgänge im Vorjahr: 187 m., 155 w., darunter Todesfälle 46 m., 63 w. Ärzte: Direktor Prov. Ob.-Med.-Rat Dr. *Karl Kolb*; Prov. Med.-Rat Dr. *Fritz Orland*, Prov. Med.-Rat Dr. *Michael Feldhahn*, Prov. Med.-Rat Dr. *Hermann Nobbe*, Anstaltsarzt Dr. *Richard Hunger*; Assistenzarzt Dr. *Hans Koritter*, Assistenzarzt Dr. *Gerhard Wenzel*, Assistenzarzt Dr. *Karl Berger*. 106 Pfleger, 120 Pflegerinnen. In Familienpflege: 152 m., 57 w. Geschlossene Anstalt mit offenen Abteilungen.

2. **Kurhaus Wilhelmshof** in Uchtspringe, Trinkerheilstätte.

27 ha. Zahl der Kranken am 1. 1. 1936: 9 m., Zugänge im Jahre 1936: 36 m., Abgänge: 26. 22 Plätze. 1 Verpflegklasse. Evang. u. kathol. Bekenntnis. Arzt: Dr. med. *Berger*. Leitung Diakon Kosel. 1 Pfleger. Arbeitstherapie (Landwirtschaft, Gärtnerei, Werkstätten). Wilhelmshof ist Trinkerheilstätte des Trinkerheilstättenvereins der Provinz Sachsen und des Freistaates Anhalt. 1908 gegründet. Offene Anstalt. Zusammenarbeit mit Blaukreuz und Guttemplerorden.

Ückermünde (Prov. Pommern)

Provinzialheilanstalt. Ebst. Ückermünde.

127 ha. Zahl der Kranken am 1. 1. 1937: 464 m., 368 w., Zugänge im Vorjahr 176 m., 125 w., Abgänge 127 m., 160 w., Todesfälle 49 m., 33 w. 843 Plätze. 2 Verpflegklassen. Ärzte: Direktor: Provinzialobermedizinalrat Dr. *Friedrich Ostmann*; Provinzialmedizinalräte: Dr. *Hermann Vollheim*,

Dr. *Hans-Heinrich Gerhardt*; Oberarzt: Dr. *Paul Tiling*; Assistenzärzte: Dr. *Joachim Knieß*. 70 Pfleger, 54 Pflegerinnen. Gründungsjahr 1875. In Familienpflege z. Zt. 83 Kranke. Geschlossene Anstalt mit offener Abteilung und Kinderabteilung.

Ülsby bei Schleswig (Prov. Schleswig-Holstein)

Villa Wilhelma, Privatpflegeanstalt für Gemüts- u. nervenkranke Frauen. Ebst. Ekebergkrug-Ülsby.

Bestand am 1. 1. 37: 16, Zugänge im Jahr 1936: 9, Abgänge 9. 16 Plätze. 1 Verpflegklasse. Arzt: Dr. *Ferdinand Schulze*. 2 Schwestern. Geschlossene Anstalt mit Aufnahme freiwilliger Pensionäre, Familienanschluß. Gegründet 1904.

Untergöltzsch bei Rodewisch i. V. (Sachsen)

Staatliche Heil- und Pflegeanstalt. Ebst. Rodewisch i. V. Mit Sonderabteilung für weibl. lungenkranke Geisteskranke; ab 1937 auch für männl. lungenkranke Geisteskranke u. asoziale Lungenkranke.

137 ha. Zahl der Kranken am 1. 1. 1937: 386 m., 495 w., Zugänge 148 m., 219 w., Abgänge 118 m., 165 w., darunter Todesfälle 26 m., 47 w. 900 Plätze. 2 Verpflegklassen. Ärzte: Chefarzt: Oberregierungs-Med.-Rat Dr. *Kell*; Oberarzt: Oberregierungs-Med.-Rat Dr. *Küffner*; Abteilungsärzte: Reg.-Med.-Räte: Dr. *Wallis*, Dr. *Butter*, Dr. *Kochendörfer*; Angest.-Arzt: Dr. *Keller*, Dr. *Schonefeld*. 67 Pfleger, 59 Schwestern. Gründungsjahr 1893. Psychiatrischer Außendienst. Beratungsstelle für Psychisch- und Nervenkranke. Geschlossene Anstalt.

Urach (Württemberg)

Sanatorium **Hachberg** für innere u. Nervenkranke. Ebst. Urach i. W.

174 a. Zahl der Kranken am 1. 1. 1937: 5 m., 5 w., Zugänge im Vorjahr: 37 m., 99 w., Abgänge: 32 m., 88 w. 1 Verpflegklasse. Leiter: Dr. med. *Otto Klüpfel*. 3 Pflegepersonal. Offene Anstalt.

Ursberg (Bayersried-Ursberg, Schwaben)
Bezirksamt Krambach.

Anstalten d. **St. Josefkongregation** Ursberg für körperlich und geistig Schwächliche. Ebst. Ursberg, Schwaben.

561 Tagwerk. Zahl der Kranken am 1. 1. 1936: 766 m., 731 w., Zahl der Zugänge im Jahre 1936: 63 m., 41 w., der Abgänge: 78 m., 68 w., darunter Todesfälle: 32 m., 21 w. 1500 Plätze. 1 Verpflegklasse; für bes. Wohlhabende eigene Rechnung. Kein Direktor, da die Anstalten Eigentum d.

St. Josefskongregation sind und als solche von der Generaloberin und von ihr bestellten Organen geleitet werden. Hauptamtlich angestellter Arzt: Dr. *Schreiber*. 4 Pfleger, 320 Pflegerinnen. Geschlossene Anstalt mit offener Abteilung und je einem Pflegehaus für Männliche und Weibliche. Die St. Josephskongregation Ursberg hat noch ein Landhilfsschulheim mit 60 Plätzen für schwachbegabte Knaben in Grönenbach, Schwaben.

Volmerdingen bei **Bad Oeynhausen** (Prov. Westfalen)

Westf. ev. Pflege- und Erziehungsanstalt **Wittekindshof** für nicht epileptische Schwachsinnige. Ebst. Bad Oeynhausen.

165 ha. Zahl der Kranken am 1. 1. 1937: 768 m., 480 w., Zugänge 1936: 74 m., 60 w., Abgänge: 46 m., 36 w., darunter Todesfälle: 25 m., 22 w. 1315 Plätze. 1 Verpflegklasse. Anstaltsleiter: Pastor Theodor Brünger; Leit. Arzt: Dr. *Simon*, Abteilungsärzte: Oberarzt *Schuhmacher*, Dr. *Schubert*. 59 Pfleger, 50 Schwestern. Gründungsjahr 1887. Offene Privatanstalt der Inn. Miss. Zweiganstalt Ulenburg b. Löhne., event. Ausbildung in Werkstätten und Landwirtschaft.

Wahren-Dyhernfurth (Niederschlesien)

Staatl. Privat-Irrenanstalt f. kranke Schwestern. Ebst. Dyhernfurth.

Zahl der Kranken am 1. 1. 1937: 5 w., Zugänge im Vorjahr: 1 w., Abgänge: 2 w., darunter Todesfälle: 1 w. 10 Plätze. Arzt: Dr. *Kurbe*, Dyhernfurth. 3 Pflegepersonal. Geschlossene und offene Abteilung.

Waldbreitbach (Kreis Neuwied, Rheinprovinz)

Marienhaus, Heilanstalt für weibliche Nerven- und Gemütskranke. Eigentum der Franziskanerschwestern von Waldbreitbach.

Zahl der Kranken am 1. 1. 1936: 309 w., Zugänge im Jahre 1936: 151 w., Abgänge: 167 w., darunter Todesfälle: 39 w. 345 Plätze. 3 Verpflegklassen. Leitender Arzt: Dr. *Paul Landwehr*; 1 Assistent. 98 Schwestern. Geschlossene Anstalt mit offener Abteilung. Gegründet 1863.

Waldbröl (Rhld.)

Heil- und Pflegeanstalt. Ebst. Waldbröl, Rhld.

88 ha. Zahl der Kranken am 1. 1. 1936: 269 m., 415 w., Zugänge im Jahre 1936: 79 m., 93 w., Abgänge: 46 m., 82 w., darunter Todesfälle: 11 m., 36 w. 755 Plätze. 3 Verpflegklassen. Chefarzt: Dr. med. *Erich Bersch*; Assistenzärzte: *Otto Kloes*, Dr. med. *Gertrud Schmidt*, *Friedrich Henke*. 28 Pfleger, 35 Pflegerinnen. Geschlossene Anstalt. Offene Abteilung auf der Frauenseite.

Waldheim (Sachsen)

Landes-Heil- und Pflegeanstalt für kriminelle männliche Geisteskranke. Ebst. Waldheim.

3728 qm. Zahl der Kranken am 1. 1. 1937: 220. Zugänge im Vorjahr 113, Abgänge 106, darunter Todesfälle: 7. 235 Plätze. 1 Verpflegklasse. Ärzte: Direktor Oberreg. Med.-Rat Dr. *Lothar Stemmler*, Oberreg. Med.-Rat Dr. *Eugen Rahnenführer*. 64 Pfleger. (Waldheim ist die älteste staatliche öffentliche Irrenanstalt Sachsens, ihre Eröffnung erfolgte am 4. 4. 1716. Im Jahre 1833 aufgehoben, wurde sie 1876 wieder eröffnet als Irrenstation bei der Strafanstalt Waldheim. Im Jahre 1919 wurde die Anstalt unter selbständige ärztliche Direktion gestellt und von der Strafanstalt losgelöst. Literatur: 1. Beschreibung des Chursächsischen allgemeinen Waisen- und Armenhauses in Waldheim. Dresden und Leipzig bei Christian Robritz, 1721. 2. Die Irrenstation bei der Strafanstalt Waldheim von Dr. *Knecht*, Allg. Zeitschrift für Psychiatrie 37. Band, 1881.)

Walldorf a. d. Werra

Kreisversorgungsheim. Ebst. Walldorf a. d. Werra.

Ca. 0,50 ha. Zahl der Kranken am 1. 1. 1936: 37 m., 38 w., Zugänge im Jahr 1936: 12 m., 11 w., Abgänge 8 m., 8 w., darunter Todesfälle 2 m., 1 w. Plätze 105. 1 Verpflegklasse. Leiter: Wirtschaftsinspektor Zwick. Anstaltsarzt: Dr. *Kurzok*, Ortsarzt in Walldorf. 1 Schwester. Offene Anstalt. Heim für Alte, Sieche u. harmlose Geisteskranke.

Warstein (Reg. Bez. Arnsberg, Prov. Westfalen)

Provinzial-Heilanstalt Ebst. Warstein.

124 ha. Zahl der Kranken am 1. 1. 1937: 797 m., 887 w., Zugänge im Vorjahre 328 m., 395 w., Abgänge 337 m., 391 w., darunter Todesfälle 65 m., 61 w. 1844 Plätze. 2 Verpflegklassen. Ärzte: Direktor Dr. *Hinnerk Petermann*, Ober-Med. Rat; Oberärzte Dr. *Hans Merguet*, Med. Rat, Dr. *Bernhard Meckmann*, Oberarzt in bes. Stelle, Dr. *Paul Engelmann*, Oberarzt in bes. Stelle, Oberärzte: Dr. *Karl Wegener*, Dr. *Heinrich Stolze*, Dr. *Rudolf Fabry*; Ass. Ärzte: Dr. *Brands*, Dr. *Rüsing*, Dr. *Wolfer*. 102 Pfleger, 16 Pflegerinnen, 95 Ordensschwestern. Gründungsjahr 1905. In Familienpflege 62 Kranke. Geschlossene Anstalt mit offener Abteilung.

Wassenberg (Rheinland)

Heilstätte für alkoholkranke Frauen **Marienhaus.** Ebst. Wassenberg, Rhld.

Zahl der Kranken am 1. 1. 1937: 20 w., Zugänge im Vorjahr: 24 w., Abgänge 22 w. 28 Anstaltsplätze. 2 Verpflegklassen. Bekenntnis: kathol. Oberin: Schwester Feliciana. Arzt: Dr. *A. Hoffmann* in Wassenberg. 4 Schwestern. Offene Anstalt. Gegründet 1908. Besitzer: Mutterhaus der Vinzentinerinnen in Köln-Nippes. Zusammenarbeit mit Kreuzbild.

Wehnen bei **Bloh** (Oldenburg)

Oldenburgische Heil- u. Pflegeanstalt f. Geistes- u. Nervenkranke. Ebst.: Bloh, Post Ofen (Oldenburg).

95 ha., Zahl der Kranken am 1. 1. 1936: 386 m., 374 w., Zugänge im Vorjahr: 142 m., 161 w., Abgänge 104 m., 165 w., darunter Todesfälle 52 m., 59 w. Plätze 507. 2 Verpflegklassen. Ärzte: Direktor Ober-Med. Rat Dr. *Kurt Mönch*, Dr. *Fritz Krebs*. Dr. *Ernst Pfrieme*. 1 Oberpfleger, 49 Pfleger, 1 Oberschwester v. Roten Kreuz, 46 Pflegerinnen. 1858 eröffnet. Geschlossene Anstalt m. offener Abteilung.

Weilmünster (Oberlahnkreis)

Landesheilanstalt Ebst. Weilmünster-Kurhaus.

81 ha. Zahl der Kranken am 1. 1. 1936: 165 m., 369 w., Zugänge im Jahre 1936: 746 m., 64 w., Abgänge 136 m., 75 w., darunter Todesfälle 42 m., 38 w. 1250 Plätze. 2 Verpflegklassen. Ärzte: Direktor: Dr. *Schneider*; Oberarzt Dr. *Mairoser*; Anstaltsärztin *Vorschütz*; Anstaltsarzt Dr. *Vigano*; Vol. Arzt Dr. *Roth*, 1 Med. praktikant. 57 Pfleger, 41 Pflegerinnen. Geschlossene Anstalt. Beratungsstelle für psychisch Kranke, Familienpflege. In der Anstalt befindet sich noch ein Aufnahmeheim für männliche schulentlassene Fürsorgezöglinge; außerdem Beratungsstelle für Tuberkulöse, mit Röntgenuntersuchungen.

Weinheim a. d. Bergstraße (Baden)

Kreispflegeanstalt des Kreises Mannheim in Weinheim. Ebst. Weinheim.

Gründungsjahr 1886. 4 ha. Zahl der Kranken am 1. 1. 1937: 423 (219 m., 207 w.), Zugänge im Vorjahr: 60 m., 66 w., Abgänge: 49 m., 51 w. Anstaltsdirektor Kr. Med. Rat Dr. *Bock*. Personal 28. Allgem. öffentl. Pflegeanstalt für Altersschwache, chronisch Kranke, Gebrechliche, Sieche, Geistesschwache, ruhige Geisteskranke u. dergl. Halboffene Anstalt.

Weinsberg (Württemberg)

Staatliche Heilanstalt für Geisteskranke. Ebst. Weinsberg.

85 ha. Zahl der Kranken am 1. 1. 1937: 378 m., 366 w., Zugänge im Vorjahr: 124 m., 99 w. Abgänge 111 m., 109 w., darunter Todesfälle 30 m., 28 w. 684 Plätze. 3 Verpflegklassen. Ärzte: Direktor Obermedizinalrat Dr. *Hugo Sayler*, Medizinalrat Dr. *Karl Eugen Jooß*, Medizinalrat Dr. *Heinrich Fehr*, Med. Rat Dr. *E. Wittermann*, Oberärztin Dr. *Hilde Lauenroth*. 70 Pflegerinnen. Gründungsjahr 1903. Geschlossene Anstalt mit offener Abteilung. Beratungsstelle für Psychisch- und Nervenkranke.

Weissenau (Donaukreis, Württ.)

Heilanstalt für alle Formen von Geisteskrankheit.

400 Morgen. Zahl der Kranken am 1. 1. 1937: 485 m., 422 w., Zugänge im Vorjahr 135 m., 130 w., Abgänge 140 m., 150 w., Todesfälle 35 m., 26 w. 980 Plätze. 3 Verpflegklassen. Ärzte: Direktor Ober Med. Rat Dr. *Theodor Buder*, Oberärzte Med.Rat *Max Sorg*, Dr. *Hugo Götz*, Dr. *Wilhelm Weskott*, Dr. *Martha Fauser*, Assistenzarzt *Günther Rath*. 172 Pflegerpersonal. Gründungsjahr 1892 (altes Prämonstratenserkloster). Geschlossene Anstalt mit 2 offenen landwirtschaftl. Kolonien. Familienpflege.

Weißenfels (Reg. Bez. Merseburg)

Landes-Heil- und Pflegeanstalt. Ebst. Weißenfels a. d. S.

0,8 ha. Zahl der Kranken am 1. 1. 1936 84 m., Zugänge 46 m., Abgänge 44 m., keine Todesfälle. 90 Plätze. 1 Verpflegklasse. Direktor: Prov.-Obermedizinalrat *Dr. Wagner*. 2 Pfleger, 8 Pflegerinnen. Geschlossene Anstalt.

Weißensee b. Berlin siehe Berlin

Werneck (Kreis Unterfranken, Bayern)

Heil- und Pflegeanstalt. Ebst. Waigolshausen.

99 ha. Zahl der Kranken am 1. 1. 1937: 434 m., 424 w., Zugänge im Vorjahre 138 m., 126 w., Abgänge 109 m., 108 w., davon Todesfälle 29 m., 32 w. 816 Plätze. 3 Verpflegklassen. Ärzte: Direktor Dr. *Pius Papst*; Medizinalrat Dr. *Alfred Röll*, Oberärzte Dr. *Kilian Hofmann*, Dr. *Walter Horn*, Dr. *Walter Fischel*, Assistenzärztin Dr. *Rosa Schiffmann*. 75 Pfleger, 18 Pflegerinnen, 49 Ordensschwestern. Gründungsjahr 1855. Kern der Anstalt das von Balthasar Neumann, dem Erbauer der Würzburger Residenz, im Auftrag des Fürstbischofs Friedrich von Schönborn erbaute Schloß Werneck; berühmter Barock-Bau. Teilweise geschlossene Bauweise, überall offener Betrieb. Psychiatrischer Außendienst. Beratungsstelle für Nerven- und Gemütskranke.

Wernigerode-Hasserode

Anstalt **Zum guten Hirten** für schwachsinnige und epileptische Mädchen. Friedrichstraße 104. Ebst. Wernigerode-Hasserode.

3071 qm. Zahl der Kranken am 1. 1. 1936: 56, Zugänge 2, Abgänge 4, darunter Todesfälle 4. 57 Plätze. 2 Verpflegklassen. Leitender Arzt Dr. *Rob. Herr*. 6 Pflegerinnen. Geschlossene Anstalt.

Westhof siehe Benninghausen.

Wichernheim (Sagan)

Heilstätte für Alkoholkranke in Sagan.

Besitzer: Schlesischer Verein für Innere Mission. Leiter: Superintendent M. Krüger. Arzt: Stadtarzt Dr. *Jüngling*. 16 Plätze. Haus- und Gartenarbeit.

Wiechs (Baden)

Kreispflegeanstalt f. d. Kreis Lörrach, Baden. Ebst. Schopfheim.

16 ha. Zahl d. Kranken am 1. 1. 1936: 176 m., 147 w., Zugänge im Jahr 1936: 54 m., 28 w., Abgänge 59 m., 31 w., darunter Todesfälle 26 m., 16 w. 330 Plätze. 1 Verpflegklasse. Direktor: Ernst Klemm. Anstaltsarzt: Med. Rat Dr. *Hans Boeckel* in Schopfheim. 5 Pfleger, 5 Pflegerinnen. Offene Anstalt mit geschlossener Abteilung. (Die Anstalt wurde als „Asyl f. d. Siechen d. Kr. Lörrach“ 1877 mit ruhigen Pat. der Irrenanstalt Illenau u. Pforzheim, soweit sie aus dem Kreis Lörrach stammten und keiner psychiatr. Behandlung bedurften, eröffnet. Die Anstalt hat sich zu einer Zuflucht- u. Pflegestätte der an verschiedenen körperl. u. psych. Krankheiten leidenden unbemittelten Volksgenossen entwickelt. Arbeitstherapie. Tägl. ärztl. Visite, wie in den staatl. Heil- u. Pflegeanstalten. Die geistig Abnormen sind nicht in besonderen Abteilungen untergebracht, sondern mit den geistig Gesunden verpflegt u. beschäftigt. Freier Ausgang und sonstige Bewegungsfreiheit in möglichst weitem Umfang.)

Wiesen (Kreishauptmannschaft Zwickau i. S.)

Pflegeheim für Geistesschwache, Altersschwache und Alleinstehende der Amtshauptmannschaft Zwickau und der Städte Werdau u. Crimmitschau. Ebst. Wiesenberg, Sa.

12 ha. Zahl der Kranken am 1. 1. 1937: 110 m., 203 w., Zugänge im Vorjahr 55 m., 69 w., Abgänge 62 m., 62 w., darunter Todesfälle 23 m., 32 w. 313 Plätze. 2 Verpflegklassen. Inspektor Erler in Wiesen; Arzt Reg. Med. Rat Dr. *Simon* in Zwickau. 4 Pfleger, 5 Pflegerinnen, 3 Stationsgehilfen. Geschlossene Anstalt mit offener Abteilung.

Wiesloch b. **Heidelberg** (Baden)

Badische **staatliche** Heil- u. Pflegeanstalt für Geisteskranke. Ebst. Wiesloch-Stadt.

98 ha. Zahl der Kranken am 1. 1. 1937: 834 m., 689 w., Zugänge im Vorjahr 392 m., 365 w., Abgänge 340 m., 348 w., darunter Todesfälle: 49 m., 39 w. 1041 Plätze. 2 Verpflegklassen. Ärzte: Anstaltsdirektor Dr. *Wilhelm Möckel*; stellvertr. Direktor: z. Z. unbesetzt; Oberärzte Med.-Rat Dr. *Paul Walther*, Med. Rat Dr. *Alfred Schwenninger*; Anstaltsärzte Med. Rat. D. *Hans Schürlein*, Med. Rat Dr. *Neu*; Assistenzärzte Dr. *Hans Fischer*, *Norbert Vogel*, Dr. *Ludwig Schindlmayr*, Dr. *Wolfgang Schindlmayr*, Dr. *Erich Spannagel*, *X. Siegfried Wiesendanger* und Dr. *Oskar Erler*. 155 Pfleger, 125 Pflegerinnen, 2 Pflegeinspektoren, 2 Oberinnen. Gründungsj. 1905.

Geschlossene Anstalt mit offener Abtlg. Die Anstalt besteht aus 69 größeren u. kleineren Gebäuden, besitzt ein gesichertes Haus, eine Prosektur mit path. anatom. Laboratorien. Beratungsstelle für Nerven- u. Gemütskranke seit 1919.

Wilhelmshof siehe Uchtspringe

Winnental in Winnenden (Wttbg.)

Staatliche Heilanstalt für Geisteskranke. Ebst. Winnenden.

22 ha. Zahl der Kranken am 1. 1. 1937: 332 m., 342 w., Zugänge im Vorjahre 75 m., 88 w., Abgänge 73 m., 78 w., darunter Todesfälle 20 m., 9 w. 642 Plätze. 3 Verpflegklassen. Ärzte: Direktor Obermedizinalrat Dr. *Otto Gutekunst*, Oberarzt Medizinalrat Dr. *Hans Wildermuth*, Assistenzärztin Dr. *Hella Blankertz*, Assistenzärzte *Alfons Stegmann*, Dr. *Otto Stidl*. 62 Pfleger, 62 Pflegerinnen. (Gründungsjahr 1834. Früher Ordenshaus der Komthurei Winnenden des Deutschordens, später herzogliches Schloß.) Geschlossene Anstalt mit offener Abteilung. Familienpflege. Beratungsstelle für psychisch- und Nervenkranke.

Wirsberg (Oberfranken)

Sanatorium **Goldene Adlerhütte** für Neurastheniker, Hysterische, Arteriosklerotiker. Ebst. Neumarkt-Wirsberg, Oberfranken.

13 ha. Zahl der Kranken am 1. 1. 1937: 2 m., 4 w., Zugänge im Vorjahr: 40 m., 44 w., Abgänge 38 m., 40 w. 25 Plätze. 1 Verpflegklasse. Besitzer u. Leiter: Dr. *Eduard Margerie*. Pflegepersonal 1—2. Offene Anstalt. Geisteskranke, Epileptiker und Süchtige werden nicht aufgenommen. Gründungsjahr 1912.

Wittstock, Dosse (Kreis Ostpriegnitz)

Brandenburgische Pflegeanstalt.

239 ha. Zahl der Kranken am 1. 1. 1936: 283 m., 270 w., Zugänge im Jahre 1936: 130 m., 36 w., Abgänge 70 m., 34 w., darunter Todesfälle 44 m., 17 w. 620 Plätze für 210 geisteskranke, 140 sieche Männer, 200 geisteskranke, 70 sieche Frauen. 1 Verpflegklasse (Personal extra). Direktor Dr. med. *Hermann Riemann*; Assistenzarzt Dr. med. *Martin Stephan*. Pflegepersonal 56 m., 40 w. Geschlossene Anstalt mit offenen Abteilungen. Familienpflege.

Wölfelsgrund (Kreis Habelschwerdt, Grafschaft Glatz)

Sanatorium für Nerven-, Innere-, Stoffwechselkranke und Rekonvaleszenten. Ebst. Ebersdorf, Kreis Habelschwerdt.

50 Morgen. Zahl der Kranken am 1. 1. 1937: 31 m., 50 w., Zugänge im Vorjahr 462 m., 637 w., Abgänge 431 m., 587 w., darunter Todesfälle 1 m., 3 w. 100 Plätze. 1 Verpflegklasse. Leitende Ärzte: Dr. med. *Rudolf Jaenisch*, Dr. med. *Ernst Sommer*, Fachärzte für innere Krankheiten; 2 Assistenzärzte. 1 Pfleger, 6 Pflegerinnen. Offene Anstalt.

Wolbeck bei **Münster i. W.**

Nervenheilstätte. Ebst. Wolbeck b. Münster i. W.

50 Morgen. Zahl der Kranken am 1. 1. 1936: 2 m., 4 w., Zugänge im Jahr 1936: 33 m., 54 w., Abgänge 33 m., 50 w. 50 Plätze. 1 Verpflegklasse. Direktor Dr. med. *W. Lackmann*. Pfleger 1, Pflegerinnen 1. Offene Anstalt. Kaltwasserkuren, Liegekuren, Psychotherapie.

Woltorf b. Peine (Braunschweig)

Sanatorium **Woltorf,** Privatklinik für Nerven- und Gemütskranke. Ebst. Woltorf an Bahnstrecke Braunschweig-Hannover.

20 Morgen, hiervon 15 Park. Zahl der Kranken am 1. 1. 1937: 13 m., 25 w., Zugänge im Vorjahr 96 m., 81 w., Abgänge 93 m., 75 w., darunter Todesfälle 3 m., 5 w. 55 Plätze. 2 Verpflegklassen. Leit. Arzt Dr. med. *Paul Kruse*, 1 Hausarzt. 1 Oberin, 1 Hausdame, 1 Pfleger, 6 Schwestern, 2 Pflegerinnen. Gründungsjahr 1897. Geschlossene Anstalt mit offener Abt. Aufnahme von Dauerpensionären.

Wormditt (Ostpr.)

Heilstätte **St. Andreasberg** für Schwachsinnige und Epileptische. Ebst. Wormditt.

Zahl der Kranken am 1. 1. 1936: 194 m., 228 w., Zugänge im Jahr 1936: 27 m., 33 w., Abgänge 38 m., 31 w., darunter Todesfälle 6 m., 12 w. 450 Plätze. 2 Verpflegklassen. Leiter: Erzpriester Dr. Schwank. Arzt San.-Rat Dr. *Rud. Ganter*. 10 Pfleger, 28 Pflegerinnen. Geschlossene Anstalt mit offener Abteilung.

Würzburg, Unterfranken (Bayern)

1. Psychiatrische und Nervenklinik der **Universität.**

3 ha. Zahl der Kranken am 1. 1. 1937: 40 m., 46 w., Zugänge im Jahre 1936: 881 m., 359 w., Abgänge 919 m., 389 w., darunter Todesfälle: 36 m., 21 w. 120 Plätze. 2 Verpflegklassen. Ärzte: Direktor Univ. Professor Dr. *Martin Reichardt*, Oberarzt Dozent Dr. *Werner Heyde*, Assistenzärzte Dr. *Wilhelm Schumacher*, Dr. *Richard Krämer*, Dr. *Karl Stössel*, Dr. *Hans Klaassen*, Dr. *Wolfgang Steinkopff*, Dr. *Elisabeth Pawlik*. 7 Pfleger, 22 Schwestern. Gründungsjahr 1893. Vorher bestand eine psychiatrische Abteilung im Juliusspital. (Näheres bei Rieger: V. Bericht aus der Klinik, Leipzig, Kabitzsch 1916). Geschlossene Klinikabteilungen und offene Abteilungen für neurologische Kranke, Nervöse. Psychotherapie. Begutachtungsabteilung. Poliklinik.

2. Epileptikerabteilung des **Juliusspitals** in Würzburg.

0,590 ha. Zahl der Kranken am 1. 1. 1936: 16 m., 13 w., Zugänge im Jahre 1936: 3 m., 2 w., Abgänge: 2 m., 1 w., darunter Todesfälle: 2 m., 1 w. 49 Plätze. 1 Verpflegklasse. Die fachärztliche Betreuung der Insassen obliegt dem Direktor der psychiatr. und Nervenklinik Universitätsprofessor Dr. med. *Martin Reichardt*, Würzburg. 4 Pflegerinnen. Geschlossene Anstalt.

3. **Krankenhaus** und Pfründner-Anstalt.

Zahl der Kranken am 1. 1. 1937: 34 m., 34 w., Zahl der Zugänge im Jahre 1936: 3 m., 3 w., der Abgänge 3 m., 1 w., darunter Todesfälle 3 m., 1 w. Leiter: Universitätsprofessor Dr. *A. Foerster*, Medizinalrat 1. Klasse. 6 Pflegepersonal. Geschlossene Anstalt.

Wunstorf (Hannover)

Landes-Heil- und Pflegeanstalt mit Abteilungen für Geisteskranke, Alkoholkranke und körperlich Sieche. Ebst. Wunstorf.

Anstaltsgelände 14 ha, Landwirtschaft 76 ha, Pachtland 215 ha. Zahl der Kranken am 1. 1. 1937: 504 m., 155 w. Davon entfallen auf: Allgemeine Abtlg. 222 m., 56 w. und Geisteskranken-Abtlg. 282 m., 99 w. Zugänge im Vorjahr 89 m., 6 w., 120 m., 99 w., Abgänge im Vorjahr 91 m., 14 w., 128 m., 94 w., darunter Todesfälle 19 m., 4 w., 17 m., 9 w. 95 Plätze. 1 Verpflegklasse. Ärzte: Direktor Landesobermedizinalrat Dr. *Werner Gerstenberg*, 1. Oberarzt: Landesmedizinalrat Dr. *Otto Pförtner*, Oberarzt Dr. *Bernhard Winninghoff*, Hilfsarzt Dr. *Hans Meyer*. 67 Pfleger, 21 Pflegerinnen. Gegründet 1880. Psychiatrischer Außendienst. Geschlossene Anstalt mit offenen Abteilungen. Die Anstalt nimmt nur entmündigte oder unter vorläufiger Vormundschaft gestellte Alkoholkranke für die Mindestdauer eines Jahres auf. Psychotherapeutische Behandlung nach dem Pro- und Regressivsystem.

Wustrow (Ribnitz)-Niehäger Kinderkaten Mecklenburg

Heilpädagogisches Kinderheim. Ebst. Wustrow (Ribnitz).

Zahl der Zöglinge am 1. 1. 1936: 5 m., 5 w., Zugänge im Jahre 1936: 10 m., 8 w., Abgänge 9 m., 11 w. Im Sommer 15, im Winter 10 Plätze. 1 Verpflegklasse. Träger des Heims ist der Verein f. Heilerziehung Berlin-Marienfelde, Vorsitzende: Lotte Nohl; betreuender Arzt Dr. *Meyer*, Wustrow (Mecklenburg). 4 Pflegerinnen. Offene Anstalt. Möglichkeit der öffentlichen Volksschule u. Mittelschule.

Zeitz (Prov. Sachsen)

Landes-Heil- und Pflegeheim. Ebst. Zeitz.

71 ha. Zahl der Kranken am 1. 1. 1936: 143 m., 23 w., Zugänge im Jahr 1936: 49 m., 9 w., Abgänge 16 m., 7 w., darunter Todesfälle 4 m. 203 Plätze. 1 Verpflegklasse. Direktor Dr. med. *Friedrich Wagner*, Provinzial-Obermedizinalrat, allein tätiger Arzt. 23 Pfleger, 5 Pflegerinnen. Offene Anstalt. Psychiatrischer Außendienst.

Zepernick bei Berlin

Sanatorium Heidehaus für Erkrankungen des Zentralnervensystems, Gemütskrankheiten, nervöse u. seelische Störungen für innere Erkrankungen jeder Art; Entziehungskuren. Ebst. Zepernick.

Inhaber Dr. med. *W. Schauss;* leitender Arzt Dr. *W. Burlage*, Nervenarzt; 3 Ärzte. Vorortverbindung von Berlin S.-Bahnhof Friedrichstr.

Zeulenroda (Thüringen)

Kreisversorgungsheim für Geistesschwache und Alte. Ebst. Zeulenroda, Thür.

3 ha. Zahl der Kranken am 1. 1. 1937: 59 m., 95 w., Zugänge im Vorjahr 18 m., 28 w., Abgänge 12 m., 27 w., darunter Todesfälle 5 m., 15 w. 156 Plätze. 1 Verpflegklasse. Heimleiter: Herm. Groer; Anstaltsarzt Dr. med. *Weirich*. Pflegepersonal 7. Geschlossene Anstalt mit offener Abteilung.

Zieglerstift siehe Haslachmühle

Zoar-Tormersdorf bei **Rothenburg** (O.-L.)

Pflegehaus für Geisteskranke, Schwachsinnige und Epileptische. Ebst. Rothenburg, O.-Lausitz.

3 ha. Zahl der Kranken am 1. 1. 1936: 161 m., Zugänge im Jahr 1936: 28 m., Abgänge 13 m., davon Todesfälle 6 m. 180 Plätze. 1 Verpflegklasse. Leiter des Brüder- und Pflegerhauses Zoar: Pastor Curt Zitzmann in Tormersdorf. Arzt Dr. med. *R. Knape* in Rothenburg (Lausitz). 23 Pfleger. Offene Anstalt mit geschlossener Abteilung.

Zschadrass bei **Colditz** (Sa.)

Landes-Heil- und Pflegeanstalt für Geisteskranke. Ebst. Colditz.

Zahl der Kranken am 1. 1. 1937: 581 m., 582 w., Zahl der Zugänge im Vorjahr 195 m., 269 w., Abgänge 164 m., 221 w., darunter Todesfälle 43 m., 25 w. 1200 Plätze. 2 Verpflegklassen. Ärzte: Oberreg.-Medizinalrat Dr. *Max Liebers*, Chefarzt; Oberreg.-Medizinalrat Dr. *Thilo Volkmann*, Oberarzt; Reg.-Med.-Räte Dr. *Friedrich Schaefer*, Dr. *Kurt Schulze*, Dr. *Erich Göt-*

ting; Assistenzärzte Dr. *Wolfgang Resch*, *Horst John*, *Herbert Eckardt*; Vertragsarzt Dr. *Anton Jantschitsch*. 86 Pfleger, 12 Lernpfleger, 13 Wärter, 58 Schwestern, 3 Lernschwestern, 3 Hilfsschwestern, 64 Wärterinnen. 1868 als koloniale Außenabteilung der Landespfleganstalt Colditz gegründet und am 1. Juli 1894 als selbständige Heil- und Pflegeanstalt eröffnet. Familienpflege. Geschlossene Anstalt.

Zülpich, Kloster Hoven (Krs. Euskirchen, Bez. Bonn)

Heil- und Pflegeanstalt für Geisteskranke. Ebst. Zülpich.

41 000 qm. Zahl der Kranken am 1. 1. 1936: 702 w., Zugänge im Jahre 1936: 63 w., Abgänge 56 w., darunter Todesfälle 28 w. 715 Plätze. 2 Verpflegklassen. Ärzte: Dr. *Ludwig Peters*, leitender Arzt, Dr. *Maria Lucie Hamacher*, Assistenzärztin, Dr. *Gustav Neukirch*, Hausarzt. 99 Pflegerinnen. Geschlossene Anstalt mit offener Abteilung.

Zwiefalten, Donaukreis (Württemberg)

Württembergische **Staats**-Irrenanstalt. Ebst. Zwiefaltendorf.

39 ha. Zahl der Kranken am 1. 1. 1937: 360 m., 239 w., Zugänge im Vorjahr 119 m., 131 w., Abgänge 105 m., 165 w., darunter Todesfälle 14 m., 15 w. 657 Plätze. 3 Verpflegklassen. Ärzte: Direktor: Prof. Dr. med. *Hans Gruhle*; Assistenzärzte: Dr. *Erich Junk*, Dr. *Alfons Schweiger*, Dr. *Alois Bischoff*, Dr. *Hans Schwermann*. 58 Pfleger, 48 Pflegerinnen. (Gründungsjahr 1812, frühere reichsunmittelbare Benediktinerabtei). Geschlossene Anstalt. Psychiatrischer Außendienst. Poliklinik.

Zwischenahn-Bad (Amt Ammerland in Oldenburg)

Sanatorium **Dr. Niemoeller** für Nervenkranke.

3,5 ha. Zahl der Kranken am 1. 1. 1936: 4 m., 8 w., Zugänge im Jahre 1936: 319 m., 365 w., Abgänge 319 m., 372 w., darunter Todesfälle 1 w. 2 Verpflegklassen. Ärzte: Sanitätsrat Dr. *Niemoeller*, Dr. *Jauerneck* 1 Pfleger, 2 Pflegerinnen. Offene Anstalt.

Nachträge

7. **Versorgungsheim Hamburg-Farmsen** in Hamburg-Farmsen, August Krogmannstr. 100. Die Anstalt untersteht ebenfalls der Direktion der staatlichen Wohlfahrtsanstalten (wie auch die Anstalt Arensch). In ihr befinden sich Geistesschwache Geisteskranke, Epileptiker, Taubstumme und allerlei sozial schwierige Personen (Vorbestrafte, Prostituierte), auch Lungenkranke.

Bestand der Anstalt Hamburg-Farmsen (7) einschließlich der Trinkerheilstätte (6) am 1. 1. 1937 1152 m. und 781 w., Zugänge im Jahre 1936 804 m. und 331 w., Abgänge 787 m. und 267 w. Die Einweisung der verschiedenen Kategorien von Insassen ist erfolgt auf Grund der §§ 6 und 1906 BGB., des § 20 der Fürsorgepflichtverordnung, des § 42 b, c, d, e—h StGB., des § 22 eines Hamburgischen Polizeigesetzes und des § 13 der Reichsgrundsätze. Leitender Oberarzt: Dr. *Buchta*, Assistenzarzt Dr. *Hirsch*.

Klaistow

Heilstätte Klaistow für Alkoholgefährdete. Post Klaistow Nr. 24 über Werder-Havel, Tel. Berlin G 6/2545—2546.

10 Plätze. Leitung: Geschäftsführer Ferdinand Goebel in Berlin-Lichterfelde-West, Potsdamer Str. 57. Hausvater Hermann Kaiser. Besitzer Bezirksverein gegen den Alkoholmißbrauch Berlin-Brandenburg e. V. Mit der Heilstätte sind 20 Morgen Obstplantage und eine größere Süßmosterei verbunden.

Neustadt (Schwarzwald)

Institut der Deutschen Hirnforschungsgesellschaft m. b. H. in Essen. Ebst. Neustadt (Schwarzwald).

Wissenschaftliche Leiter C. und O. Vogt; Mitarbeiter Strasburger, Sgonine, Heyse, Beheim, Hassler, Schumann und Marthe Vogt. Hirnanatomische Abt. und Abt. f. zoologische Sippenforschung.

Heilstätten für Alkoholkranke:

Freistaat Baden: Renchen.
Freistaat Bayern: St. Johannisheim (Meitingen bei Augsburg).
Hutschdorf bei Thurnau.
Freistaat Hessen: Burgwald bei Eberstadt a. d. Bergstraße.
Freistaat Sachsen: Seefrieden bei Moritzburg (Bez. Dresden).
Borsdorf.
Freistaat Württemberg: Zieglerstift in Haslachmühle.
Provinz Brandenburg: Klaistow.
Provinz Hannover: Wunstorf.
Stift Isenwald bei Gifhorn (Reg. Bez. Lüneburg).
Provinz Hessen: Karlshospital in Kassel.
Provinz Ostpreußen: Stenken.
Provinz Sachsen: Wilhelmshof in Uchtspringe.

Provinz Schlesien: Parksanatorium in Jauer.
Wichernheim (Sagan).
Johannesheim, Buchenlust (Kreis Gleiwitz).
Breslau-Herrenprotsch.
Provinz Schleswig-Holstein: Falkenhag, Rickling i. Holst.
Provinz Westfalen: Westhof, Benninghausen über Lippstadt.
Blaukreuzhof über Hamm (Westf.), Eilmsen.
Eckardsheim b. Bielefeld (Thekoa).
Herford, Elim.
Maria-Veen (Kr. Borken).
Rheinprovinz: Lintorf (Bez. Düsseldorf) a) Siloah, b) Bethesda.
Brauweiler.
Marienhaus in Wassenberg (Rhld.)
St. Kamillushaus in Essen-Heidhausen (Ruhr).
Johanneshöhe in Leutesdorf.

B. Österreich

Biedermannsdorf a. d. Asp.-Bahn, N. Ö.

„Stephanie Stiftung", Bildungsanstalt für geistig zurückgebliebene Kinder. Ebst. Biedermannsdorf, N. Ö., Bez. Mödling.

Zahl der Kranken am 1. 1. 1937: 214. Im Vorjahre Zahl der Zugänge: 53, Abgänge: 43; darunter 1 Todesfall. Direktor Franz Viehmann, S.R., Anstaltsarzt Dr. *Sebastian Strommer*, Univ.Prof., Dr. *Franz Hamburger*, Psychiater; Hofrat Dr. *Eduard Benoni*, fachlicher Berater. 220 Plätze, 2 Verpflegklassen. 10 Lehrerinnen, 4 Werkmeister, 13 Wärterinnen. Gegründet 1883. Offene Anstalt. Eigentum eines Vereines. Mit der Anstalt sind eine 6klassige Hilfsschule, 1 Arbeitsschule, 1 Vorschule und die gebräuchlichsten Handwerkstätten verbunden.

Bruck a. d. Mur, Steiermark

Piusinstitut der barmherzigen Schwestern vom heiligen Kreuz zur Pflege, Erziehung und zum Unterricht schwachsinniger Kinder.

Zahl der Kranken am 1. 1. 1937: 81 Knaben, 78 Mädchen, Zugänge im Vorjahre: 18 Knaben, 21 Mädchen, Abgänge: 16 Knaben, 7 Mädchen, darunter 1 Todesfall m. 180 Plätze. Arzt Dr. *Hans Schweitzer*. 26 Schwestern. Gegründet 1879.

Eggenburg (Niederösterreich)

Erziehungsanstalt der bundesunmittelbaren Stadt Wien-Eggenburg. Ebst. Eggenburg an der Franz-Josefsbahn.

342 Joch einschl. der anstaltseigenen Ökonomie. Zahl der Verpflegten am 1. 1. 1937: 298 m., Zugänge im Vorjahr: 152 m., Abgänge 106 m., kein Todesfall. 310 Plätze. 1 Verpflegsklasse. Direktor Julius H. Wais. Dr. *Franz Kuscher*, Eggenburg N.Ö. Gruppe Erziehung und Schule 30, Gruppe Werkstättenunterricht 15 Erzieherinnen und Lehrerinnen; Krankenpflegerinnen 2. Geschlossene Anstalt erhält 1 Schulkinderabteilung mit 3 Erziehungsgruppen, 1 Sonderschule mit 4 Klassen, 1 Jugendlichenabteilung mit 8 Erziehungsgruppen, 1 allgem. gewerbl. Fortbildungsschule mit 6 Klas-

sen, 10 Lehrwerkstätten, 1 Strafgruppe. Geschlossene Erziehungsanstalt, in die die Zöglinge auf Grund des § 16, Absatz 2 des Gesetzes vom 24. 5. 1885, R. G. Bl. Nr. 89 bzw. 90 oder vom 18. 7. 1928 B. G. Bl. Nr. 234 eingewiesen werden.

Eugendorf (Salzburg)

Landesidiotenanstalt „Konradinum".

Gallneukirchen bei Linz a. d. Donau (Oberösterreich)

Offene Abteilung für epileptische, schwachsinnige und nervenleidende Männer und junge Männer im Friedenshort, geschlossene Abteilung für epileptische und nervenleidende Frauen und offene Abteilung für schwachsinnige Kinder im Martinstift, sowie geschlossene Abteilung für blöde Kinder im Elise-Lehnerhaus der evangelischen Diakonissenanstalt Gallneukirchen.

Zahl der Kranken einschließlich Kinderabteilung am 1. Jänner 1937: 60 m., 75 w., im Vorjahr Zahl der Zugänge 11 m., 6 w., Zahl der Abgänge 6 m., 7 w., darunter Todesfälle 1 w. 135 Plätze. 2 Pflegeklassen. Vorsteher und Rektor der Diakonissenanstalt: Pfarrer August Kornacher; Anstaltsarzt Dr. *Wilhelm Pokorny*. 6 Pflegeschwestern, 7 Probeschwestern, 3 Pfleger. Gegründet 1877. Außenfürsorge durch Gemeindeschwestern.

Graz (Steiermark)

1. Psychiatrisch-neurologische Klinik der Universität Graz.

2431 qm. Zahl der Kranken am 1. 1. 1937: 90 m., 101 w., Zugänge im Vorjahr 1427 m., 1358 w., darunter Todesfälle 47 m., 30 w. 248 Plätze. 3 Verpflegsklassen. Ärzte: Dr. *Otto Kauders*, Vorstand der Nervenklinik, a. o. Univ. Professor; Dr. *Eduard Phleps*, Primarius der landwirtschaftlichen Abteilung E; Assistenten: Dr. *Karl Mayr*, Dr. *Hans Bertha*, Dr. *Stefanie Brücke*, Dr. *Hans Kolmer*; wissenschaftl. Hilfskraft: Dr. *R. Lonauer*, Demonstrator: Dr. *Gebhardt Theiner*; 4 landwirtschaftliche Sekundärärzte, welche viermonatlich wechseln. 15 Schwestern, 13 Pfleger, 27 Pflegerinnen. Gründungsjahr 1870. Zuerst als Lehrkanzel begründet mit Vorlesungen in der Landesirrenanstalt „am Feldhof" bei Graz. Dann 1874 Begründung einer Beobachtungsabteilung im Landeskrankenhaus in Verbindung mit der Lehrkanzel. 1878 Schaffung einer offenen Nervenstation und Ambulanz. 1912 Neubau der vereinigten Universitäts-Nervenklinik und Abteilung. Vorstände: 1870—1872 Czermak, 1873—1889 v. Krafft-Ebing, 1889—1893 Wagner von Jauregg, 1893—1905 Gabriel Anton, 1905—1934 Fritz Hartmann, seit 1935 Otto Kauders. Wachstation, geschlossene und offene Abteilung. Klinisches Ambulatorium und Therapie: Zugänge 1936: 893 m., 1123 w. Psychotherapeutische Sprechstunde (Leiter Dr. *A. Petschig*).

2. **Landes**-Heil- und Pflegeanstalt für Geisteskranke: Am Feldhof, Post Graz.

50 ha. Zahl der Kranken am 1. 1. 1937: 998 m. (davon 150 in der Fil. Kainbach), 1069 w. (davon 148 in der Fil. Lankowitz), Zugänge im Vorjahr 412 m., 420 w., Abgänge 375 m., 418 w., darunter Todesfälle 99 m., 140 w. 1800 Plätze. 3 Verpflegklassen. Ärzte: Direktor Hofrat Dr. *Richard Weeber;* Abt.-Vorstände: Dr. *Hans Machan*, Dr. *Ernst Sorger*, Dr. *Hans Mayr*, Dr. *Peter Korp;* Abt. Ärzte: Dr. *Ernst Arlt*, Dr. *Ernst Hofmann*, Dr. *Anton Oswald*, Dr. *Hans Koß*, Dr. *Karoline Aigner*, Dr. *Rudolf Torggler*. 35 barmherzige Schwestern, 98 Pfleger, 144 Pflegerinnen. Gründungsjahr 1873. Richard Freiherr v. Krafft-Ebing (1873—1880) schrieb hier im Feldhof sein Lehrbuch der Psychiatrie. Geschlossene Anstalt.

Gschwendt (Oberösterreich)

Oberöstr. Landes-Pflegeanstalt für Geistessieche. Ebst. Neuhofen a. d. Krems.

Zahl der Kranken am 1. 1. 1937: 133 (17 m., 116 w.), Zahl der Zugänge im Vorjahr: 1 m., 9 w., Abgänge: 1 m., 8 w., darunter Todesfälle: 4 w. 134 Plätze. 1 Verpflegklasse. Die Anstalt steht unter Leitung des Direktors der Landes-Heil- und Pflegeanstalt Niedernhart bei Linz und bekommt die Kranken über Niedernhart. Behandelnder Arzt: Med. Rat Dr. *Rudolf Fassel*, Neuhofen a. d. Kr. 3 Pfleger, 10 Schwestern. Geschlossene Anstalt.

Gugging bei Wien (Niederösterreich)

N. Ö. Landes-Irrenanstalt. Ebst. Klosterneuburg-Kierling (Franz Josefsbahn).

Zahl der Kranken am 1. 1. 1937: 618 m., 513 w., Zugänge 1936: 166 m., 172 w., Abgänge: 136 m., 182 w., darunter Todesfälle: 24 m., 37 w. 1120 Plätze. 1 Verpflegklasse. Ärzte: Dirigierender Primararzt Dr. *Ludwig Küttel*, Oberarzt Dr. *Josef Aiginger*; ordinierende Ärzte Dr. *Karl Breiteneder*, Dr. *Koloman Nagy*, Sekundararzt Dr. *Hermann Hofer*, Vertragsarzt Dr. *Eduard Mildner*. 66 m., 58 w. Pflegepersonen. Gegründet 1885. Erweiterungsbau 1895—1896.

Hall in Tirol

Landesheil- und Pflegeanstalt.

5589 ha. Zahl der Kranken am 1. 1. 1937: 302 m., 218 w., Zugänge im Vorjahr: 214 m., 169 w., Abgänge: 219 m., 168 w. 550 Plätze. 3 Verpflegklassen. Ärzte: Leit. Primararzt: Dr. *Ernst von Klebelsberg*; Abteilungsärzte: Dr. *Ludwig von Schmuck*, Dr. *Adolf Wiedemann*. 75 Pflegepersonal. Gründungsjahr 1830. Geschlossene Anstalt mit offenen Abteilungen.

Hartheim b. Alkoven-O. Ö.

Anstalt für Schwachsinnige.

Zahl der Kranken am 1. 1. 1936: 168 Pfleglinge, Zugänge im Jahre 1936: 29, Abgänge: 29, darunter 13 Todesfälle. 182 Plätze. 1 Verpflegsklasse. Dir.: R. R. Karl Mittermayer, Arzt: Dr. *Erasmus Grünbacher*. 16 Schwestern. Offene Anstalt. Gegründet 1898.

Hollabrunn, Niederösterreich

N. Ö. Landes-Erziehungsheim für schwererziehbare Kinder.

160 Plätze. = 110 Mädchen, 50 Knaben. Direktion *M. Majella Wagner*, Ordensschwester. 23 Schwestern, Lehrerinnen, Erzieherinnen, Wirtschaftsschwestern. Geschlossene Anstalt. Gegründet 1922.

Innsbruck (Tirol)

Klinik für Psychiatrie und Neurologie der Universität Innsbruck.

Zahl der Kranken am 1. 1. 1937: 45 m., 29 w., Zugänge 1936: 786 m., 661 w., Abgänge: 783 m., 666 w., darunter Todesfälle: 27 m., 30 w. 2 Verpflegsklassen. 105 Plätze. Ärzte: Stellvertr. Leiter Dr. *Franz Schmuttermayer*; Assistenten: Dr. *Hans Ganner*, Dr. *Elisabeth Niedoba*, Dr. *Karl Larcher*, Dr. *Walter Längle*; Hilfsärzte: Dr. *Hans Zumpfe*, Dr. *Elisabeth Kubasta*. 20 Pflegepersonal. 1891 gegründet unter Professor Gabriel Anton, 1895—1934 Vorstand Professor Dr. C. Mayer. Außenfürsorge in Verbindung mit den städtischen Fürsorgeinstitutionen. Beratungsstelle im Ambulatorium der Klinik. Psychiatrische Abteilung geschlossen, neurologische Abteilung offen. August 1937 Eröffnung des Neubaues der Psychiatrisch-Neurologischen Klinik.

Inzersdorf bei **Wien**

Privat-Heilanstalt für Nerven-, Gemüts- und Geisteskranke. Eisenbahn-, Post- u. Privat-Autobushaltestelle.

2,9 ha. Zahl der Kranken am 1. 1. 1937: 19 m., 34 w., Zugänge im Vorjahre: 54 m., 60 w., Abgänge 52 m., 57 w., darunter Todesfälle: 3 m., 2 w. 70 Plätze. 1 Verpflegsklasse. Direktor und Mitbesitzer: Med.Rat Dr. *Edgar Fries*, Primararzt Dr. *Karl Noe-Nordberg* und Dr. *Josef Szigeti*. Gegründet 1872 in dem früher fürstlich Lobkowitzschen Sommerlandsitz. Geschlossene Anstalt in Pavillonsystem mit offener Abteilung.

Klagenfurt (Kärnten)

1. Kärntnerische Landesirrenanstalt in Klagenfurt.

5 ha. Zahl der Kranken am 1. 1. 1937: 373 m., 377 w., Zugänge 1936: 195 m., 151 w., Abgänge 195 m., 137 w., darunter Todesfälle 38 m., 27 w. 780 Plätze. 2 Verpflegklassen. Direktor der Landeswohltätigkeitsanstalten Prim. Dr. *Karl Folger*. Männerabteilung: Hofrat Primararzt Dr. *Friedrich Nemitz*, Hausarzt Dr. *Franz Niedermoser*. Frauenabteilung: Primararzt Dr. *Franz Winter*. 46 Pfleger, 44 Pflegerinnen. Gründungsjahr 1877. Seit 1916 auch Beobachtungsabteilung. Geschlossene Anstalt.

2. Erziehungsanstalt „Maria Josefinum" St. Martin b. Klagenfurt für schwachsinnige Kinder v. 6. bis 14. Lebensjahr.

Zahl der Kranken am 1. 1. 1937: 25 m., 25 w., Abgänge im Vorjahr 4 m., 3 w. 60 Plätze. Arzt: Hofrat Prof. Dr. *Torggler*. Frauenkomité: Präsidentin Frau Hofrat v. Rainer zu Harbach (Verein zur Gründung u. Erhaltung der Erziehungsanstalt für schwachsinnige Kinder). Gegründet 1900.

Laßnitzhöhe bei **Graz**, Steiermark

Offene **Privat**-Heilanstalt für leichte Psychosen.

Durchführung von Malaria- und Krampfkuren auf modernster Grundlage. Leiter: Medizinalrat Dr. *Eduard Miglitz*. Gegründet 1900.

Mauer-Öhling (Nieder-Österreich)

Niederösterreichische Landes-Heil- und Pflegeanstalt. Ebst. Mauer-Öhling Westbahn, Schnellzugsstation Amstetten.

Zahl der Kranken am 1. 1. 1937: 946 m., 878 w., Zugänge im Jahre 1936 227 m., 213 w., Abgänge 229 m., 208 w. 3 Verpflegklassen. Ärzte: Dr. *Michael Scharpf*, Direktor; Prim. Dr. *Josef Schicker*, Dir. Stellv.; Ord. Oberarzt Dr. *Edwin Grabherr*; Ordinierende Ärzte Dr. *Karl Oman*, Dr. *Franz Siebert*, Dr. *Josef Brigl*; prov. Anstaltsarzt Dr. *Franz Wöss*. Pflegepersonen 208. Eröffnung 2. 7. 1902 durch S. M Kaiser Franz Josef. Pavillonsystem mit geschlossenen und offenen Abteilungen. Familienpflege.

Neudörfl (Burgenland)

Landes-Alters- und Siechenheim. Über Zuweisung der Bgld. Landeshauptmannschaft finden körperliche und geistig Sieche, sowie Alte beiderlei Geschlechtes Aufnahme. (Geistessieche sind in der Mehrzahl). Ebst. Neudörfel.

Zirka 3 Joch. Zahl der Verpflegten am 1. 1. 1937: 124 m., 50 w., Zugänge im Vorjahre: 33 m., 24 w., Abgänge: 35 m., 21 w., darunter Todesfälle: 11 m., 7 w. 184 Plätze. 1 Verpflegklasse. Leiter: Verwalter Georg Landwehr-Pragenau. Anstaltsarzt: M. R. Dr. *Aladar Jakobovits*, Gemeindearzt in Neudörfl. 12 geistliche Schwestern und 9 weltliche Pfleger. 4 geschlossene und 1 offene Abteilung. Die Errichtung einer Isolierabteilung mit 8 Betten und einer fünften geschlossenen Abteilung mit 12 Betten wird im laufenden Jahre durchgeführt werden.

Niedernhart-Linz a. d. Donau (Oberösterreich)

O. ö. Landes-Heil- und Pflegeanstalt für Geisteskranke. Ebst. Linz a. d. D.

144 ha. Zahl der Kranken am 1. 1. 37: 514 m., 506 w., Zugänge im Jahre 1936: 161 m., 181 w., Abgänge: 132 m., 136 w., darunter Todesfälle: 10 m., 33 w. 768 Plätze. 3 Verpflegklassen. Ärzte: Direktor Dr. *Joseph Böhm*, San.Rat; Dr. *Gustav Comerval* Med. Rat, Dr. *Matthias Peintror*, Primarius Dr. *Franz Wiesinger*, Dr. *Franz Mayer*. 97 Pfleger, 66 Pflegeschwestern, 8 weltliche Pflegerinnen. Gründungsjahr 1867. Geschlossene Anstalt.

Rekawinkel bei **Wien** (Niederösterreich)

Sanatorium Rekawinkel für Nerven- und Psychischkranke. Ebst. Hietzing-Umgebung, Rekawinkel.

150000 qm. Zahl der Kranken am 1. 1. 1937: 17 m., 23 w., Zugänge im Vorjahre 45 m., 67 w., Abgänge 46 m., 67 w., darunter Todesfälle 2 m., 1 w. 70 Plätze. 2 Verpflegklassen. Besitzer und Chefarzt: Dr. *Sigmund Weiß*, Chefarzt-Stellvertreter: Dr. *Viktor Spörl*, Administrativer Direktor: Dr. Paul Meixner.

Salzburg (Land Salzburg)

Landesheilanstalt für Geistes- und Gemütskranke.

51 ha. Zahl der Kranken am 1. 1. 1937: 244 m., 256 w., Zugänge im Jahre 1936: 182 m., 212 w., Abgänge: 166 m., 201 w., darunter Todesfälle: 21 m., 26 w. 3 Verpflegklassen. 510 Plätze (472 III Kl., 38 I. u. II. Kl.). Ärzte: Direktor: Obermedizinalrat Dr. *Leo Wolfer*, Primararzt: Dr. *Hans Gföllner*, Assistenzarzt: Dr. *Johann Farbmacher*. 39 Pfleger, 42 Schwestern. Gründungsjahr 1898. Geschlossene Anstalt mit offener Abteilung.

Schwanberg (Steiermark)

Landespflegeheim für Geisteskranke. Ebst. Schwanberg.

34 ha. Zahl der Kranken am 1. 1. 1937: 131 m., 89 w., Zugänge im Vorjahr: 14 m., 9 w., Abgänge: 15 m., 9 w., darunter Todesfälle: 13 m., 7 w. 222 Plätze. 1 Verpflegklasse. Verwalter: Karl Müller v. Riensburg; ärztliche Leitung: Med. Rat Prim. Dr. *Adolf Wojatschek*. 5 barmherzige Schwestern, 5 weltliche Pflegerinnen, 12 weltliche Pfleger. Geschlossene Anstalt.

Schwarzach im **Pongau** (Land Salzburg)

Fürstl. Schwarzenbergsche Versorgungsanstalt Scheremberg-Schwarzach für Geistessieche und Nervenkranke.

Zahl der Kranken am 1. 1. 1937: 161, Zugänge 1936: 32, Abgänge: 23, darunter Todesfälle 8 m., 4 w. 163 Plätze. 3 Verpflegklassen. Oberin Schwester Leandra Schock. Primärarzt: Dr. *Bernhard Veitl.* 2 Pfleger, 13 Schwestern. Gegründet 1845. Geschlossene Anstalt mit offener Abteilung.

Süßenbrunn-Schloß (Niederösterreich)

Pflege- und Beschäftigungsheim für schulbefreite und schulentwachsene Kinder bis zu 18 Jahren. Ebst. Süßenbrunn a. d. Nordbahn.

17250 qm. Zahl der Kranken am 1. 1. 37: 34 m., 27 w., Zugänge im Vorjahr: 12 m., 8 w., Abgänge: 10 m., 4 w., darunter Todesfälle —. 63 Plätze. 3 Verpflegsklassen. Inhaberin und Leiterin: Direktor Adelheid Reisinger, kfm. Leiter: Kfm. Eduard Reisinger. Heimarzt: Med. Rat Dr. *Josef Piringer* in Gerasdorf a. d. Ostbahn. 1 Lehrerin, 1 Kindergärtnerin, 7 Pflegerinnen. 4 Abteilungen, alle offen. Schulmäßige, vorschulmäßige, und landwirtschaftliche Beschäftigungstherapie.

Treffen bei Klagenfurt (Kärnten)

Trinkerheilanstalt; dem Blaukreuz angehörig — nicht unter ärztlicher Leitung.

Tulln bei **Wien**

Privat-Sanatorium für Nerven- und Geisteskranke. Ebst. Tulln (Franz Josefsbahn).

6 ha Park, 40 ha Landwirtschaft. Zahl der Kranken am 1. 1. 1937: 30 m., 34 w., Zugänge im Vorjahr: 19 m., 24 w., Abgänge 20 m., 25 w., darunter Todesfälle: 5 m., 3 w. 93 Plätze. 1 Verpflegklasse. Ärzte: Universitätsprofessor Dr. *Giulio Bonvicini*, Dr. *Erich Menninger-Lerchenthal*, Dr. *Bruno Grossmann*, Assistenten. 14 m. und 25 w. Pflegepersonal. Geschlossene und offene Abteilung (Pavillonsystem). Jeder Patient erhält ein eigenes Zimmer.

Valduna bei **Rankweil** (Vorarlberg, Österreich)

Vorarlberger **Landes**-Irrenanstalt. Geschlossene Heil- u. Pflegeanstalt für Geistesschwache u. Trunksüchtige. Gründungsjahr 1870.

Zahl der Kranken am 1. 1. 1937: 104 m., 106 w., Zugänge im Vorjahr 51 m., 52 w., Abgänge 41 m., 48 w., darunter Todesfälle 10 m., 11 w. 3 Verpflegsklassen (derzeit noch überfüllt; Umbau u. Ausbau in naher Sicht). Direktor Dr. *Albert Längle*; Assistenzärzte: Dr. *Gebhard Ritter*, Dr. *Joh. Steiner*.

Wien

1. **Universitätsklinik** für Geistes- und Nervenkrankheiten (Wien IX, Lazarettgasse 14). Die Klinik liegt im Allgemeinen Wiener Krankenhaus.

Zahl der Kranken am 1. 1. 1937: Psy.: 86 m., 90 w., neurol.: 36 m., 36 w., Zugänge im Vorjahr: Psy.: 3162 m., 2770 w., neurol.: 325 m., 425 w., Abgänge: Psy. 3163 m., 2757 w., neurol.: 325 m., 425 w., darunter Todesfälle: Psy. 109 m., 58 w., neurol: 19 m., 12 w. 272 Plätze. 1 Verpflegsklasse. Ärzte: Dir. Dr. *Otto Pötzl*, O. ö. Universitätsprofessor; Klinische Assistenten: Dozent Dr. *Hans Hoff*, Dr. *Gottfried Engerth*, Dozent Dr. *Alfred Auersperg*, Dr. *Erwin Stengel*, Dr. *Karl Nowetny*, Dr. *Maximilian Silbermann*, Dr. *Martha Brümner*. — Abteilungsassistenten: Dr. *Ernst Pichler*, Dr. *Alexander Rottmann*. Sekundärärzte: Dr. *Karl Theo Dussik*, Dr. *Christine Palisa*, Dr. *Wilhelmine Forstmayer*. — Aspiranten: Dr. *Else Pappenheim*, Dr. *Fritz Redlich*, Dr. *Walter Birkmeyer*. 53 Schwestern, 35 Pfleger. 2 psychiatrische geschlossene Abteilungen, 2 neurologische Abteilungen. 1 Ambulanz, 1 Kurzwellenstation, 1 Station für physikalische Therapie, 1 psychotherapeutische Ambulanz. Gründungsjahr 1875.

2. Heil- und Pflegeanstalt der bundesunmittelbaren **Stadt Wien**, „Am Steinhof“, Wien XIII/12.

820000 qm. Zahl der Kranken am 1. 1. 1937: 1917 m., 2213 w., Zugänge im Vorjahr: 2084 m., 1887 w. Abgänge: 1965 m., 1816 w.; darunter Todesfälle: 258 m., 258 w. 3700 Plätze. 1 Verpflegklasse. Ärzte: Direktor Hofrat Dr. *Alfred Maucka*, Landessanitätsrat. Direktionssekretär Ordinarius Dr. *Josef Scherz*. Heilanstalt für Frauen: Primarius Dr. *Leopold Pawlicki*, Abteilungsvorstand; Ordinarius Dr. *Maria Morgenstern*, Ordin. Dr. *Paula Scheuhammer*, Ordin. Dr. *Lothar Wißgott*, Ordin. Dr. *Wilhelm Podhajsky*, Anstaltsarzt Dr. *Viktor Frankl*. Heilanstalt für Männer: Primarius Dr. *Wichart Kryspin-Exner*, Abteilungsvorstand; Ordin. Dr. *Siegfried Novotny*, Ordin. Dr. *Hugo Stanka*, Ordin. Dr. *Erwin Jekelius*, Anstaltsarzt Dr. *Robert Lang*. Pflegeanstalt für Frauen: Abteilungsvorstand: z. Z. unbesetzt. Ordin. Dr. *Maria Ida Baader*, Ordin. Dr. *Nadeschda Gilnreiner*, Ordin. Dr. *Wendelin Mauermann*. Pflegeanstalt für Männer: Primarius Dr. *Alfons Huber*, Abteilungsvorstand; Ordin. Dr. *Hubert Umlauf*, Ordin. Dr. *Emil Guttenberg*, Ordin. Dr. *Adolf Mader*. Trinkerheilstätte: Primarius Dr. *Ernst Gabriel*, Abteilungsvorstand; Anstaltsarzt Dr. *Walter Gasteiger*. Zahnärztliches Ambulatorium: Dr. *Leopold Olesker*, Schulzahnarzt. Röntgeninstitut: Dr. *Friedrich Kraft*, Facharzt. Augenärztliche Ambulanz: Dr. *Anton Pibus*, Facharzt. Prosektur: Primarius Dr. *Ernst Löffler*, Prosektor. 310 Pfleger, 286 Pflegerinnen. Geschlossene Anstalt mit einer offenen Abteilung: Trinkerheilstätte; Außenfürsorge: Beratungsstelle für Nerven- und Gemütskranke beim Magistrat Wien, städtisches Gesundheitsamt. Neurohistologisches Laboratorium unter Leitung des Primarius Dr. *Kryspin-Exner*. Gründungsjahr 1907.

3. Neurologisches Institut der Wiener Univer-

sität (Österreichisches Centralinstitut für Hirnforschung) Wien IX, Schwarzspanierstraße 17.

Vorstand des Institutes: Prof. *Otto Marburg*. Assistenten: Dozent Dr. *Eugen Pollak* und Dr. *Leo Krainer*. Das Institut wurde von H. Obersteiner im Jahre 1882 gegründet (der jeweilige Vorstand ist Mitglied des Professorenkollegiums der Medizinischen Fakultät). Es hat die Aufgabe, die normale, die vergleichende und die pathologische Anatomie, ferner die Physiologie des Zentralnervensystems zu studieren. Das neurologische Institut ist als Lehr- und als Forschungsinstitut gedacht, unterrichtet demzufolge Anfänger, sowie Vorgeschrittene in Vorlesungen und Laboratoriumsarbeit. Auch pflegen Forscher hier selbständig zu arbeiten, da ihnen eine Spezialbibliothek von zirka 65000 Nummern zur Verfügung steht. Ein Großteil der Arbeiten erscheint in den Arbeiten aus dem Wiener Neurologischen Institut, von denen bereits 37 Bände gedruckt sind.

4a. **Maria-Theresia-Schlössel,** Nervenheilanstalt der Nathaniel Freiherr v. Rothschildschen Stiftung für Nervenkranke, Wien XIX, Hofzeile 18—20.

10699 qm. Zahl der Kranken am 1. 1. 1937: 38 m., 38 w., Zugänge im Vorjahr 462 m., 626 w., Abgänge 445 m., 605 w., darunter Todesfälle 14 m., 23 w. 132 Plätze. 3 Verpflegsklassen. Ärzte: dirigierender Primararzt: Univ. Prof. Dr. *Josef Gerstmann*, Assist. UMDr. *Rudolf Friedmann*, Sekundarärzte: UMDr. *Margarete Hübsch*, UMDr. *Leopold Hofstätter*, UMDr. *Tea Erdheim*, UMDr. *Gerhart Pisk*, UMDr. *Irene Link*. 25 Schwestern. Gründungsjahr 1914. Offene Anstalt, ausschließlich für Nervenkranke.

4b. **Rosenhügel** Heilanstalt der Rothschildstiftung für mittellose Nervenkranke mit Ausschluß von Psychosen und unheilbaren Epileptikern ohne Unterschied der Konfession, nach Maßgabe der Plätze auch für chronisch-int. Kranke in Wien XIII Riedelgasse 5. Ebst. Wien-Westbahnhof.

220000 qm. Zahl der Kranken am 1. 1. 1937: 30 m., 39 w., Zugänge im Vorjahr: 519 m., 665 w., Abgänge: 510 m., 661 w., darunter Todesfälle: 6 m., 12 w. 146 Plätze. 1 Verpflegsklasse mit verschiedenen Verpflegsgebühren je nach Zimmerkategorien. Ärzte: Dirig. Primararzt: Dr. *Josef Wilder*, Assist. Dr. *Ladislaus Feßler*, Sekundärärzte: Dr. *Leo Deutsch*, Dr. *Klara Grünwald*; Stipendisten: Dr. *Bieder Ludwig*, Dr. *Friedmann Jechiel*. 1 Oberschwester, 16 Pflegerinnen. Offene Anstalt.

5a. Geistessiechenabteilung des Vers. Heimes der **Stadt-Wien**-Lainz in Wien XIII, Versorgungsheimplatz 1.

3700 qm. Zahl der Kranken am 1. 1. 1937: 59 m., 322 w., Zugänge im Vorjahr: 263 m., 455 w., Abgänge: 260 m., 433 w., darunter Todesfälle: 173 m., 302 w. 384 Plätze. 1 Verpflegklasse. Direktor der Anstalt: Regierungsrat Dr. *Bela Alexander Herz*, Abteilungsleiter: Primararzt Dr. *Gustav Plenk*; Ärzte: Ordinarius Dr. *Othmar Baumgartner*, Vertr. Arzt Dr. *Robert Basch*. 48 Schwestern. Geschlossene Abteilung.

5b. Neurologische Abteilung des Vers. Heimes d. **Stadt Wien**-Lainz in Wien XIII, Versorgungsheimplatz 1.

2900 qm. Zahl der Kranken am 1. 1. 1937: 168 m., 264 w., Zugänge im Vorjahr: 222 m., 300 w., Abgänge 225 m., 295 w., darunter Todesfälle: 26 m., 48 w. 445 Plätze (inkl. Filialstation). 1 Verpflegklasse. Direktor: Regierungsrat Dr. *Bela Alexander Herz;* Abteilungsvorstand: Primararzt Dozent Dr. *Hubert Urban*; Ärzte: Oberarzt Dr. *Raimund Suwald*, Vertr. Arzt Dr. *Karl Huber*, Vertr. Arzt Dr. *Cäzilie Hojer*, Vertr. Arzt Dr. *Alexander Eggerth*. 48 Schwestern. Offene Anstalt. Nur Untersuchungen und Ausstellung fachärztl. Gutachten für die amtsärztl. Untersuchungsstelle des städt. Gesundheitsamtes Mag.Abt. 19.

6. Heilpädagogische Anstalt Wien-Grinzing, Langackergasse 12.

3,5 ha. Zahl der Kranken am 1. 1. 1937: 20 m., 10 w., Zugänge im Vorjahr: 3 m., 1 w., Abgänge: 5 m., 1 w. 30 Plätze. Direktor: Dr. phil. *Theodor Heller*, Hausarzt: Dr. *Julius Rieger*. 6 Pflegepersonen. Gegründet 1895 vom derzeitigen Direktor (Erste Anstalt für jugendliche Psychopathen in Österreich). Offene Anstalt. Beratungsstelle für schwere Erziehungsfälle.

7. Privatheilanstalt für Kopfverletzte, Nerven-, Gemüts- und Geisteskranke Wien XIX, Krottenbachstr. 4.

10000 qm. Zahl der Kranken am 1. 1. 1937: 19 m., 42 w., Zugänge im Vorjahr: 32 m., 66 w., Abgänge 26 m., 62 w., darunter Todesfälle: 6 m., 5 w. 100 Plätze für Erwachsene, 100 für Kinder. 3 Verpflegsklassen. Ärzte: Direktor: Dr. *Otto Buchner*, Professor f. Heilpädagogik, Primarius Dr. *Franz Blaha*, Konsiliarärzte: Univ. Prof. Dr. *Alexander Pilcz* (für Erwachsene), Univ. Prof. Dr. *Franz Hamburger* (für Kinder), Dozent Dr. *B. Aschner* (für Frauen). 55 Pflegepersonal. 2 geschlossene Abt., 2 offene Abt. Beratungsstelle für Nerven- und Gemütskranke. Dependancen: Alpen-Genesungsheim Schloß Lilienhof, See-Genesungsheim Hörmanns, Schloß-Sanatorium Plankenwarth.

Ybbs a. d. Donau

Heil- und Pflegeanstalt der bundesunmittelbaren Stadt Wien für Geisteskranke u. Geistessieche. Ebst. Ybbs-Kemmelbach.

Gesamtareal: 142,036 qm, (Bauareal: 51,641 qm). Zahl der Kranken und Verpflegten am 1. 1. 1937: 766 m., 865 w., Zugänge im Vorjahr: 104 m., 79 w., Abgänge: 100 m., 71 w., darunter Todesfälle: 49 m., 40 w. 1600 normierte Plätze. 1 Verpflegklasse. Leiter: z. Z. unbesetzt. Zugeteilte Ärzte: Dr. *Franz Bruha*, Primararzt, Abteilungsvorstand; ordinierende Ärzte: Dr. *Maximilian Thaler*, Dr. *August Bodner*, Dr. *Wolfgang Zechner*. 101 m. und 111 w. Pflegepersonal. Geschlossene Anstalt. Familienpflege. (In Familienpflege waren am 1. 1. 1937: 16 Männer und 4 Frauen; im Jahresdurchschnitt: 25.)

C. Die Schweiz

Gesamtbevölkerung der Schweiz im Jahre 1934 4100000 (150000 Frauen mehr als Männer). In staatlichen, privaten und caritativen Anstalten waren am 31. Dezember 1934 7570 geisteskranke Männer und 7881 geisteskranke Frauen, d. s. insgesamt 15451 Geisteskranke untergebracht, und zwar pro tausend Kranke 488 Männer und 511 Frauen. Auf 10000 Einwohner hatte Kanton Thurgau rund 60 Geisteskranke, die Kantone Appenzell und Schaffhausen hatten rund 50, die Kantone St. Gallen, Bern, Zürich, Graubünden rund 40, die Kantone Glarus, Neuchâtel, Solothurn, Tessin rund 35, die Kantone Basel-Land, Waadt und Aargau rund 30, Stadt Basel, Kanton Freiburg und Kanton Genf 20—30 und die Kantone Luzern, Innerschweiz und Wallis 20 Geisteskranke. 91% der Patienten befanden sich in öffentlichen und 9% in privaten Anstalten — in letzteren verhältnismäßig mehr Frauen als Männer. Von den 26 öffentlichen Anstalten war der Durchschnittsbestand 517, von den 18 privaten Anstalten 71.

Die Schweiz hat verhältnismäßig sehr viele Anstalten, da jeder Kanton für seine Kranken zu sorgen hat. Die einzelnen Kantone besitzen folgende Anstalten:

Appenzell: Hérisau
Argovie: Königsfelden
Bâle-Camp: Liestal
Bâle-Ville: Friedmatt, Sonnenhalde
Berne: Münsingen, Waldau, Bellelay, Meiringen, Münchenbuchsee, Spiez, Tschugg (Epileptiques)
Fribourg: Marsens
Genêve: Bel-Air, Sismondi
Grisons: Waldhaus, Realta
Lucerne: St. Urban, Franciscusheim-Meisenberg
Neuchâtel: Perreux, Préfargier, Le Landeron
Saint-Gall: Wil, St. Pirminsberg
Schaffhouse: Breitenau
Soleure: Rosegg, Fridau
Tessin: Casvegno
Thurgovie: Münsterlingen, Littenheid, Zihlschlacht, Kreuzlingen
Valais: Malévoz
Vaud: Cery, La Rosière, Yverdon, Boismont, Prilly, L'Ermitage, Morges, La Métairie, Prangins, Lavigny (Epileptiques)
Zürich: Burghölzli, Rheinau, Kilchberg, Küßnacht, Oetwil, Kronau, Hohenegg und die Schweizer Anstalt für Epileptische in Zürich.

Im folgenden sei über diese Anstalten, alphabetisch geordnet, Folgendes berichtet:

Bel-Air

Heil- und Pflegeanstalt und **Universitätsklinik des Kantons Genf.**

Bestand mehr als rund 400; 250 Aufnahmen pro Jahr. Direktor Professor Dr. *Ladame*. Ärzte: Dr. *Ferd. Morel*, Dr. *Robert de Mont-mollin*, Dr. *Mariam Tscherniak*, Dr. *Erno Geronimi*. 100—120 Angestellte = 1 : 5 bis 6. Gegründet 1896.

Bellelay

Heil- und Pflegeanstalt des **Kantons Bern,** für den Berner Jura (französischer Teil).

Bestand 430; rund 100 Aufnahmen pro Jahr. Direktor Dr. *Humbert*. Ärzte: *Jean Voirol*, Dr. *Adolf Friedemann*. 60—70 Angestellte = 1 : 8—9. Gegründet 1898.

Boismont

Private Nervenheilanstalt in Vennes s/Lausanne.

Bestand 11; Aufnahmen rund 22. Direktor und Besitzer Dr. *Pierre Guisan*. Gegründet 1931.

Breitenau

Heil- und Pflegeanstalt des **Kantons Schaffhausen.**

Bestand 250; Aufnahmen 100—200 pro Jahr. Direktor Dr. *H. Moser*. Ärzte: Dr. *P. Morh*, Dr. *Judel Gutmann*. 70—80 Angestellte = 1 : 7—8. Gegründet 1888.

Burghölzli

Heil- und Pflegeanstalt und **Universitätsklinik des Kantons Zürich.**

Bestand 500; im Jahr über 1000 Aufnahmen. Direktor Professor Dr. *H. W. Maier*. Ärzte: Dr. *H. Binswanger* P. D., Dr. *A. Glaus*, Dr. *I. Lutz*, Dr. *E. Boller*, Dr. *Meta Lutz*, *Hans Nägeli*, Dr. *H. Wespi*, *G. Walker*, Dr. *Marie Louise Preß*, *Marie Meierhoffer*, *Walter Meier*, Dr. *W. Nagel*, Dr. *W. Belart*. 170—180 Angestellte = 1 : 9—10. Gegründet 1870.

Casvegno

Heil- und Pflegeanstalt bei **Mendrisio** (Kanton Tessin).

Bestand 550: 250 Aufnahmen. Direktor Dr. *B. Manzoni*. Ärzte: Dr. *G. Biondi*, Dr. O. *Bernasconi*. 60—70 Angestellte = 1 : 11—12. Gegründet 1898.

Cery b. Lausanne (Vaud)

Heil- und Pflegeanstalt und **Universitätsklinik des Kantons Waadt.**

Bestand über 600; 450 Aufnahmen. Direktor Professor Dr. *Steck*. Ärzte: Dr. *Lucien Bovel*, Dr. *Ernest Raoux*, Dr. *P. Bidlingmeyer*, Dr. *R. Kaech*, Dr. *Th. Ott*. 100—125 Angestellte = 1 : 9—10. Gegründet 1873.

Franciskusheim (Oberwil) — **Meisenberg** (Menzikea)

Heil- und Pflegeanstalten im **Kanton Zug.**

Bestand 200; 200—300 Aufnahmen. Direktor Dr. *Manser*. 50—60 Angestellte. Gegründet 1909.

Fridau (Soleure) Heilanstalt im **Kanton Solothurn.**

Bestand 77, Aufnahme 166. Fridau ist Annex der Anstalt Rosegg.

La Friedmatt (Bâle)

Heil- und Pflegeanstalt und **Universitätsklinik des Kantons Basel.**

Bestand über 400; 500 Aufnahmen. Direktor Professor Dr. *Stähelin*; Ärzte: Dr. *H. Binder* P.-D., Dr. *B. Dukor*, Dr. *M. Wieland*, Dr. *P. Plattner*, Dr. *W. Bachmann*, Dr. *S. Müller*, Dr. *E. Frölicher*, *P. Ramer*. 100—125 Angestellte = 1 : 7—8. Gegründet 1884.

Genf

Private Nervenheilanstalt Villa **Sismondi.**

Bestand 24; 40—50 Aufnahmen. Direktor Dr. *Barbezat*. 9 Angestellte. Gegründet 1887.

Hérisau

Heil- und Pflegeanstalt des **Kantons Appenzell, Außerrhoden.**

Bestand mehr als 300; 100—200 Aufnahmen. Direktor Dr. *O. Hinrichsen*. Ärzte: Dr. *H. O. Pfister*, Dr. *Th. Burtscher*. 60—70 Angestellte = 1 : 7—8. Gegründet 1908.

La Hohenegg

Private Nervenheilanstalt im **Kanton Zürich,** nur für Frauen (Meilen).

Bestand 150—200; 300—350 Aufnahmen im Jahr. Direktor Dr. *Kesselring*. Ärzte: Dr. *Marg. Müller*, Dr. *Irene Ferrat*. 40—50 Angestellte = 1 : 12—13. Gegründet 1907.

Kilchberg

Private Nervenheilanstalt im **Kanton Zürich.**

Bestand 150—200; 200—300 Aufnahmen. Direktor und Besitzer Dr. *H. Huber.* Ärzte: Dr. *I. Furrer, M. Jansen.* 20—40 Angestellte = 1 :18 bis 19. Gegründet 1867.

Knonau

Private Nervenheilanstalt **Schloß Knonau** im **Kanton Zürich.**

Direktor Dr. M. Boß. Besitzer Professor Dr. *Klaesi,* Waldau (Kanton Bern). Bestand 16; Aufnahmen rund 65. Gegründet 1926.

Königsfelden b. Brugg (Arg.)

Heil- und Pflegeanstalt des **Kantons Aargau.**

Bestand 800; 200 Aufnahmen. Direktor Dr. *Kielholz.* Ärzte: Dr. *F. Blattner,* Dr. *G. Dürst,* Dr. *Berta Berger,* Dr. *A. Lisak, Annemarie Phiebig.* 100—125 Angestellte = 1 : 8—9. Gegründet 1869.

Kreuzlingen

Private Nervenheilanstalt **Bellevue—Kreuzlingen** im **Kanton Thurgau.**

Bestand 56; Aufnahmen 88. Direktor Dr. *L. Binswanger.* 34 Angestellte Gegründet 1857.

Küßnacht

Sanatorium von Dr. Brunner im **Kanton Zürich.**

Bestand 33; Aufnahmen 85. Direktor und Besitzer Dr. *Th. Brunner.* Arzt: Dr. *Rosenthal.* 12 Angestellte. Gegründet 1890.

Le Landeron (Neuchâtel)

Psychiatrische Privatanstalt Bellevue im **Kanton Neuchâtel.**

Bestand 33; Aufnahmen rund 100. Direktor und Besitzer Dr. *H. Bersot.* Ärztin: Mme Dr. *L. von Weydlich.* 6 Angestellte. Gegründet 1882.

Lavigny

Epileptiker-Anstalt, **Kanton Vaud.**

Bestand 166; rund 20 Aufnahmen. 15 Angestellte = 1 : 11—12. Gegründet 1907.

Liestal (Bâle-C.)

Heil- u. Pflegeanstalt **Hasenbühl** in Liestal **Kanton (Basel-Land).**

Bestand 300; 3—400 Aufnahmen. Direktor Dr. *Stutz*. Ärzte: Dr. *G. Puliarevitch*, Dr. *L. Baliasny*. 60—70 Angestellte. Gegründet 1934.

Littenheid

Private Heil- und Pflegeanstalt (Asyl) in Littenheid, **Kanton Thurgau.**

Bestand 600—700; 200 Aufnahmen. Direktor Dr. *H. Schwyn*. 70—80 Angestellte. Gegründet 1884.

Malévoz b. Monthey (Valais)

Heil- und Pflegeanstalt des **Kantons Wallis.**

Bestand 250; 200 Aufnahmen. Direktor Dr. *A. Repond*. Ärzte: Dr. *N. Beno*, Mme Dr. *M. Repond*, Dr. *G. Savoy*. 40—50 Angestellte = 1 : 8—9. Gegründet 1901.

Marsens

Heil- und Pflegeanstalt des **Kantons Freiburg.**

Bestand 400; 100—200 Aufnahmen. Direktor Dr. *Voitaschewski*. Arzt: Dr. *P. Lauber*. 50—60 Angestellte = 1 : 9—10. Gegründet 1875.

Meiringen

Private Nervenheilanstalt im **Kanton Bern.**

Bestand 150—200; ca. 100 Aufnahmen. Direktor Dr. *Wirz*. Arzt Dr. *L. Gingold*. Besitzer Berner Kantonal-Bank. 20—40 Angestellte = 1 : 7—8. Gegründet 1919.

La Métairie

Private Nervenheilanstalt in **Nyon, Kanton Vaud.**

Bestand 46; Aufnahmen 75. Direktor Dr. *Guillerey*. Ärzte: Dr. *R. Duby*, Mme Dr. *S. Calame*, Prof. Dr. *O. Loewenstein*. 15 Angestellte. Gegründet 1857.

Münsingen

Heil- und Pflegeanstalt des **Kantons Bern.**

Bestand mehr als 1000; 200 Aufnahmen. Direktor Dr. *Brauchli*. 8 Ärzte. 170—180 Angestellte = 1 : 6—7. Gegründet 1895.

Münsterlingen

Heil- und Pflegeanstalt des **Kantons Thurgau.**

Bestand über 600; 250 Aufnahmen. Direktor Dr. *Wille*. Ärzte: *H. Walker*, Mme *A. Ris*, Mme *Kunz*, *J. Smus*. 100—125 Angestellte = 1 : 8—9. Gegründet 1840.

Oetwil am See

Nerven-Heil-Anstalt **Schlößli** im **Kanton Zürich.**

Bestand 200; 100—200 Aufnahmen. Direktor Dr. *Künzler*. Arzt: Dr. *R. Mayer*. 20—40 Angestellte = 1 : 13—14. Gegründet 1893.

Perreux b. Boudry

Heil- und Pflegeanstalt des **Kantons Neuchâtel-Neuenburg,** namentlich für chronisch Kranke.

Bestand ca. 200. Direktor Dr. *Ed. Borel*. Ärzte: Dr. *Eugene Mayor*, Mlle. Dr. *N. Mazel* 20—40 Angestellte = 1 : 7—8. Gegründet 1895.

St. Pirminsberg b. Pfäffers

Heil- und Pflegeanstalt des **Kantons St. Gallen.**

Bestand mehr als 300; 100—200 Aufnahmen. Direktor Dr. *O. Wirth*. Ärztin: *Ursula Siehr*. 50—60 Angestellte = 1 : 8—9. Gegründet 1847.

Les Rives de Prangins

Private Nervenheilanstalt in Prangins près Nyon **(Kanton Vaud).**

Bestand 50; Aufnahmen 150. Direktor Dr. *O. L. Forel* P.-D. Ärzte: Dr. *K. de Jonge*, Dr. *P. Danjon*, Dr. *M. Groß*. 50 Angestellte. Gegründet 1930.

Préfargier

Private Nervenheilanstalt in **Marin (Kanton Neuchâtel).**

150—200 Bestand; ca. 100 Aufnahmen. Direktor Dr. *O. Riggenbach*. Arzt: Dr. *Anselmier*. 20—40 Angestellte = 1 : 6—7. Gegründet 1844.

Prilly

Private Nervenheilanstalt **Chateau de Prilly (Kanton Vaud).**

Bestand 26; 32 Aufnahmen. Direktor Dr. *Boven*. 9 Angestellte. Gegründet 1920.

Realta b. Thusis (Grisons)

Heil- und Pflegeanstalt des **Kantons Graubünden.**

Bestand 250; ca. 100 Aufnahmen. Direktor Dr. *F. Tuffli*. Arzt: Dr. *G. v. Salis*. 40—50 Angestellte = 1 : 14—16. Gegründet 1917.

Le Rheinau

Heil- und Pflegeanstalt des **Kantons Zürich.**

Bestand 1200; 200 Aufnahmen. Direktor Dr. *K. Gehry*. Ärzte: Dr. *W. Plattner*, Dr. *E. Seelig*, Mme Dr. *F. Plattner*, Dr. *W. Straus*, Dr. *D. Klein*. Mehr als 200 Angestellte = 1 : 6—7. Gegründet 1862.

La Rosegg (Soleure)

Heil- und Pflegeanstalt des **Kantons Solothurn.**

430 Bestand; 100—200 Aufnahmen. Direktor Dr. *Tramer.* Ärzte: Dr. *H. Schabelitz,* Dr. *M. Esther, Charlotte Treffzer.* Über 90 Angestellte = 1 : 6, 7. Gegründet 1860.

La Rosière

Heilanstalt für Nervenkranke im **Kanton Vaud.**

Rosiève ist Adnex für chronisch Kranke der Anstalt Cery. Bestand 176; Aufnahmen 17.

17 Angestellte. Gegründet 1920.

Sonnenfels

Private Nervenheilanstalt in **Spiez (Kanton Bern).**

Bestand 20; Aufnahmen 48. Direktor Dr. *Escher.* 8 Angestellte. Gegründet 1885.

Sonnenhalde

Private Nervenheilanstalt in **Riehen (Kanton Basel).**

Bestand 40; 110 Aufnahmen. Direktor Dr. *Sikemeier.* Arzt: Dr. *W. Liepmann.* Besitzer Diakonissenhaus Riethen (Kanton Basel). 20 Angestellte. Gegründet 1899.

Tschugg

Epileptiker-Anstalt im **Kanton Bern.**

Bestand 258; 22 Aufnahmen. 21 Angestellte = 1 : 11—12. Gegründet 1886.

St. Urban

Heil- und Pflegeanstalt des **Kantons Luzern.**

Bestand über 600; 250 Aufnahmen. Direktor Dr. *Decurtins.* Ärzte: Dr. *L. Bossard,* Dr. *P. Pfister,* Dr. *Marg. Zehnder.* 100—125 Angestellte = 1 : 7—8. Gegründet 1873.

Vert-Mont

Private Nervenheilanstalt in **Morges (Kanton Vaud)**

Bestand 10; Aufnahmen 15. Direktor und Besitzer Dr. *Adert.* 3 Angestellte. Gegründet 1914.

Vevey

Private Nervenheilanstalt **L'Ermitage** im **Kanton Vaud.**

Bestand 10; Aufnahmen 37. Direktor Dr. *Cart.* 4 Angestellte. Gegründet 1923.

Waldau

Heil- und Pflegeanstalt und **Universitätsklinik des Kantons Bern.**

Bestand über 1000. Über 600 Aufnahmen. Direktor Professor Dr. *Klaesi*. Ärzte: Dr. *E. Fankhauser* P.-D., Dr. *I. Wyrsch* P.-D., Dr. *A. Weber*, Mlle *G. Mirkowitsch*, Dr. *Otto Briner*, Dr. *R. Staehli*, Dr. *R. Strauß*, *Otto Wenger*, Dr. *F. Jenny*, *Georges Adler*. Mehr als 200 Angestellte = 1 : 8—9. Gegründet 1855.

Waldhaus, Masans (Grisons)

Heil- und Pflegeanstalt des **Kantons Graubünden.**

Bestand 250; 100—200 Aufnahmen. Direktor Dr. *J. B. Jörger*. Arzt: Dr. *A. Torriani*. 40—50 Angestellte = 1 : 7—8. Gegründet 1890.

Wil

Heil- und Pflegeanstalt des **Kantons St. Gallen.**

Bestand mehr als 1000; 3—400 Aufnahmen. Direktor Dr. *Naef*. Ärzte: Dr. *A. Müller*, Dr. *P. Schnyder*, Dr. *J. German*, Dr. *Rosa Goldblatt*, Dr. *J. Domanowitz*, Dr. *W. Hiller*. 100—125 Angestellte = 1 : 11—12. Gegründet 1892. (In der Anstalt Wil hat Direktor *Schiller* schon vor über 30 Jahren die Kranken in großer Zahl intensiv mit Beschäftigungstherapie behandelt.)

Wyss-Münchenbuchsee (Kanton Bern)

Privat-Nervenheilanstalt **Wyss.**

Bestand 60; Aufnahmen 130. Direktor Dr. *Schmid*. 19 Angestellte. Gegründet 1845.

Yverdon

Private Nervenheilanstalt Bellevue im **Kanton Vaud.**

Bestand 76; Aufnahmen 35. Direktor Dr. *F. Georgi*. Ärztin: Mlle Dr. *E. Honegger*. 22 Angestellte. Gegründet 1922.

Zihlschlacht

Private Nervenheilanstalt Friedheim im **Kanton Thurgau.**

Bestand 50; Aufnahmen 110. Direktor und Besitzer Dr. *Krayenbühl*. 19 Angestellte. Gegründet 1891.

Zürich

Schweiz. Anstalt für Epileptische.

Bestand 318, mehr als 200 Aufnahmen. 36 Angestellte = 1 : 11—12. Gegründet 1886.

Anstalten für Alkoholkranke in der Schweiz:

Abbaye de Sorens, Gruyère (Freiburg)
Schloß Böttstein bei Klingnau (Aargau)
Heilstätte Effingerhort bei Holderbank (Aargau)
Ellikon an der Thur (Zürich)
Etagnières (Vaud)
Schweiz. Heilstätte für alkoholkranke Männer auf dem Götschihof im Aeugstertal a. A. (Zürich)
Heilstätte Nüchtern für alkoholkranke Männer in Kirchlindach b. Bern
Pontareuse près Boudry (Neuchâtel)
Pension Vonderflüh, Sarnen (Obwalden)
Pension Waldheim, Winkel-Murgenthal (Bern)
Pension Wysshölzli für Frauen in Herzogenbuchsee (Bern)

Alle die aufgeführten Trinkerheilanstalten stehen nicht unter ärztlicher Leitung, aber doch unter ärztlicher Aufsicht.

Morphinisten wie andere Suchtkranke werden in den kantonalen und privaten Heil- bzw. Heil- und Pflegeanstalten aufgenommen. —

Zusammenfassende Angaben über die Aufnahmen und Abgänge in den Anstalten macht Dr. *H. Bersot*, leitender Arzt der Nervenheilanstalt Bellevue, le Landeron (Neuenburg) in einem vor Jahresfrist erschienenen, mit zahlreichen Bildern und Tafeln ausgestatteten Buch: Die Fürsorge für die Gemüts- und Geisteskranken in der Schweiz, Verlag Hans Huber-Bern. Hiernach wurden im Jahre 1934 bei einem Bestand von 15364 am 1. Januar 1934 in die Schweizer Irren- und Nervenheilanstalten 8977 Geisteskranke und Epileptiker aufgenommen; verpflegt wurden also 24341, das ist 59 auf 10000 Einwohner. Neu eintraten 37% der insgesamt Verpflegten, entlassen wurden 8890 = 36,5% der insgesamt Verpflegten. Da alljährlich die Zahl der Eintritte etwas größer als die der Austritte war, kam eine gewisse Überfüllung zustande. Erfreulich war, daß der Anteil der Ein- und Austritte beinahe $^3/_4$ der Zahl der verpflegten Kranken ausmachte. Das prozentuale Verhältnis der Aufnahmen zur Gesamtzahl der Verpflegten war im Jahre 1934 in den dicht bevölkerten Kantonen Basel (57%) und Zürich (50%) am höchsten. Es folgten die Kantone Wallis, Waadt, Genf und die Kantone der Innenschweiz mit 40—45%, die Kantone Appenzell, Tessin, Thurgau, Schaffhausen, Neuenburg und Bern mit 30%, Freiburg, Luzern und St. Gallen mit 25%, Solothurn, Graubünden und Aargau mit 20—25%. In den Privatanstalten, die in den Kantonen Zürich und Waadt sehr zahlreich sind, war der Wechsel größer als in den staatlichen Anstalten. — 60,7% der Geistes- und Nervenkranken waren Erstaufnahmen, 20,8% Zweitaufnahmen; 14,5% wurden zum dritten, vierten und fünften Male aufgenommen, 4% zum sechsten und noch öfteren Male, d. h. $^2/_5$ der Gesamtzahl der Kranken wurde mehrfach in die Anstalten eingewiesen (darunter befanden sich allerdings nicht wenige Versetzungen, die aus therapeutischen Gründen erfolgten). Wiederaufnahmen kamen bei den Männern (53,7%) häufiger vor als bei den Frauen (46,3%). — Die größte Frequenz der Aufnahmen wies das Alter zwischen dem 30. und 39. Lebensjahr auf (über 1400 Männer und über 1200 Frauen). Es folgte das Alter zwischen 20. und 29. Lebensjahr (1300 Männer und 1100 Frauen). Das Alter zwischen dem 40. und 49. Lebensjahr war mit 1400 Männern und 1100 Frauen vertreten.

Von den Krankheitsformen der erstmaligen Aufnahmen (16956 in den Jahren 1929, 1930, 1931 und 1932) nahm die Schizophrenie mit über 5200 Aufnahmen die erste Stelle ein (24,5% Männer und 42,0% Frauen). Dann folgten organische Psychosen mit 3000 Aufnahmen (19,7% Männer und 17,4% Frauen), der Alkoholismus mit 2200 Aufnahmen (22,9% Männer und 2,9% Frauen), die konstitutionelle Psychopathie mit über 1600 Aufnahmen (12,1% Männer und 8,2% Frauen), das manisch-depressive Irrsein mit 1200 Aufnahmen (4,9% Männer und 10,4% Frauen) usw. Was die Alkoholiker anbelangt, so war ein Teil der Eingelieferten schizophren, manisch-depressiv oder psychopathisch. — Dem Zivilstand nach waren von den Aufnahmen 46% der Männer und 47% der Frauen ledig — gegenüber 42% bzw. 40% der Gesamtbevölkerung über 15 Jahren. 43% der Männer und 35% der Frauen waren verheiratet gegenüber 53% bzw. 47,5% der Gesamtbevölkerung. 7% der Männer und 14% der Frauen waren verwitwet gegenüber 4% der Männer bzw. 11% der Frauen der Gesamtbevölkerung. 4% der Männer und 4% der Frauen waren geschieden gegen 1% der Männer bzw. 1,5% der Frauen der Gesamtbevölkerung. — Nach der Statistik der Jahre 1929—1932 verweilten 81% der Kranken weniger als 1 Jahr in der Anstalt, und zwar 26% weniger als 30 Tage, 17% 1—2 Monate, 11% 2—3 Monate, 16% 3—6 Monate, 11% ½—1 Jahr, 19% mehr als 1 Jahr, und zwar von diesen letzteren 15% bis zu 10 Jahren und 4% länger als 10 Jahre. Die Männer blieben weniger lang in den Anstalten als die Frauen. — Die Berechnung einiger Jahre ergab, daß mehr Männer in die Anstalten eintraten und ebenfalls mehr Männer aus ihnen entlassen wurden als Frauen. Bei der Entlassung waren 15% medizinisch oder sozial geheilt, 45% gebessert, 25% unverändert, und zwar wurden 24,7% der Männer und 27,4% der Frauen ungeheilt entlassen. In den Anstalten starben 15%. — Von 100 Kranken, die psychiatrische Anstalten verließen, kehrten (einschl. der mit unbekannter Bestimmung Ausgetretenen) 67% in ihre Familie zurück, 7% wurden durch private Hand oder vom Staat placiert, 15% in andere Irrenanstalten oder Nervenheilanstalten überwiesen, 6% kamen in Altersasyle oder Spitäler und 5% in Gefängnisse.

Was die Ärzte betrifft, so waren ebenfalls nach den Angaben von Dr. *H. Bersot* Ende 1934 177 Ärzte, darunter 33 Frauen = 18,6%, in den psychiatrischen Anstalten der Schweiz tätig. Es kam auf 83 Kranke 1 Arzt. Berechnet man die Aufnahmen im Jahre 1934, so kam 1 Arzt auf 50 Aufnahmen, und berechnet man den Bestand von 23441 Kranken, so kam 1 Arzt auf 133 Krankenbestand. In den öffentlichen Anstalten der Schweiz arbeiteten 133 Ärzte, darunter 27 Frauen, d. i. 1 Arzt auf 101 Kranke des Bestandes am Ende des Jahres und rechnet man 50 Eintritte im Laufe des Jahres 1934 hinzu, 1 Arzt auf 151 Kranke. In den Privat-Nervenheilanstalten, in denen es sich 1934 um einen Endbestand von 1280 und im Laufe des Jahres um Aufnahmen von 2065 Kranken handelte, arbeiteten 44 Ärzte, darunter 6 Frauen, d. h. 1 Arzt auf 29 anwesende und 47 eingetretene Kranke = 1 : 76. — In den öffentlichen Irrenanstalten waren 26 Ärzte-Direktoren, 36 Secundär-Ärzte, 58 Assistenten und 13 Volontäre sowie von Frauen 2 Secundärärzte, 22 Assistenten und 9 Volontäre tätig. In den Privatnervenheilanstalten besorgten 20 Ärzte-Direktoren, 5 Secundär-Ärzte und 19 Assistenten sowie von Frauen 1 Secundär-Ärztin, 4 Assistentinnen und 1 Volontärin den ärztlichen Dienst.

Das Pflegepersonal der Schweizer Anstalten bestand Ende 1934 aus 1243 männlichen und 1494 weiblichen = 2737 Pflegern. Von diesen arbeiten 87% (48% Pfleger und 52% Pflegerinnen) in öffentlichen Anstalten, und 13% = 27% Pfleger und 73% Pflegerinnen in privaten Anstalten; in letzteren stand noch anderes Hauspersonal zur Verfügung.

Alphabetisches Verzeichnis der Ärzte (einschließlich der ärztlichen Direktoren) und der nichtärztlichen Leiter, soweit sie von den Anstalten angegeben sind.

A. Deutsches Reich.

B. Österreich.

C. Schweiz.